Mads Andersen

SUPERFLIEGER DER WELT

Die sensationellsten Flugzeuge aller Zeiten

Bassermann

ISBN 978-3-8094-2347-8

Projektleitung: Dr. Iris Hahner
Redaktion und Lektorat: AntiquaNova, Wiesbaden
Bildredaktion: Karl Kammerlander, Bad Camberg
Konzeption und Producing: Josef Benjamin Jung, Limburg
Umschlaggestaltung: Atelier Versen, Bad Aibling

Druck und Bindung: Neografia, Slowakei

Printed in Slovakia

817 2635 4453 6271

Inhalt

Der Traum vom Fliegen? ... **5**
Flugzeuge über Flugzeuge ... 6
Traum oder Albtraum? ... 8

Flugpioniere und ihre fliegenden Kisten ... **11**
Wright Flyer ... 12
Blériot XI ... 14
Vickers F.B.27 „Vimy" ... 16
Ryan M 2 „Spirit of St. Louis" ... 18
Fokker F.VIIa 3m ... 20

Passagierflugzeuge - beliebt und vertraut ... **21**
Junkers F 13 ... 22
Junkers G 38 ... 24
Junkers Ju 52 „Tante Ju" ... 26
Focke-Wulf Fw 200 „Condor" ... 28
Junkers Ju 90 ... 30
Tupolew ANT-20„Maxim Gorki"/ANT-20 bis ... 32
Boeing 247 ... 34
Douglas DC-3 ... 36
Lockheed L.1049 „Super Constellation" ... 38
Bristol 167„Brabazon" ... 40
Tupolew Tu-114 ... 41
Antonow An-2 ... 42
Iljuschin Il-18 ... 44
Tupolew Tu-104 ... 46
De Havilland DH.106 „Comet" ... 47
Boeing 707 ... 48
Douglas DC-8 ... 50
Convair CV 990 „Coronado" ... 52
Sud Aviation SE 210 Caravelle ... 54
Boeing 747 ... 56
Airbus A380 ... 58
Aérospatiale-BAC Concorde 101/102 ... 60
Tupolew Tu-144 ... 62

Militärische Hochleistungsflieger ... **63**
Junkers Ju 87„Stuka" ... 64
Avro 683 „Lancaster" ... 66
Boeing B-29„Superfortress" ... 68
Convair B-36 „Peacemaker" ... 70
Boeing B-52 ... 72
Lockheed F-117 Nighthawk ... 74
Rockwell B-1 B „Lancer" ... 76
Northrop Grumman B-2 „Spirit" ... 78
Dassault Mirage IV ... 80
Tupolew Tu-160 ... 82
Sopwith „Triplane" ... 84
Junkers J 10 (C.L.I) ... 85
Messerschmitt Bf 109 ... 86
Supermarine Spitfire ... 88
De Havilland DH.98 „Mosquito" ... 90
Messerschmitt Me 262 ... 92
Gloster G 41„Meteor" ... 94
Convair F-102 „Delta Dagger" ... 96
McDonnell-Douglas F-4 „Phantom II" ... 98
General Dynamics F-111 ... 100
Mikojan Gurewitsch MiG-29 ... 102
BAe/McDonnell-Douglas AV-8 B Harrier II ... 104
Lockheed SR-71„Blackbird" ... 106

Schwertransporter der Lüfte **107**
Curtiss-Wright C-46 „Commando“ 108
Boeing B-377 SGT-201„Super Guppy“ 110
Airbus A300-600 ST„Beluga“ 112
Iljuschin Il-76 114
Antonow An-22 116
Antonow An-124„Ruslan“ 118
Antonow An-225„Mrija“ 120
Lockheed C-130„Hercules“ 122
Lockheed C-5„Galaxy“ 124
Boeing C-17 Globemaster III 126

Kleine Flitzer **127**
Bücker Bü 131„Jungmann“ 128
Great Lakes 2T-1A-2 130
Cessna 150/152 132
Cessna 172„Skyhawk“ 133
Bede BD 5J „Freedom Jet“ 134
Piper PA 23„Apache“ 136
Piaggio P-180 „Avanti“ 138
EADS Socata TBM 850 140
Learjet 23 141
Colomban CriCri 142

Flugboote - zu Wasser, zu Lande und in der Luft **143**
Dornier Do J „Wal“ 144
Dornier Do X 146
Dornier Do 24 148
Boeing 314 „Clipper“ 150
Consolidated PBY„Catalina“ 152
Martin JRM „Mars“ 154
Short S.25 „Sunderland“ 156
Hughes H-4 „Hercules“ 158
Canadair CL-415 160
Berijew Be-200 162
Caproni Ca.60 Transaero 164

Hubschrauber - Geht nicht gibt's nicht **165**
Sikorsky H-5 (S-51) 166
McDonnel-Douglas (Hughes) AH-64 Apache 168
Boeing-Vertol CH-47 Chinook 170
Bell/Agusta Westland BA609 172
Boeing Bell V-22 Osprey 174
Sikorsky S-64/CH-54 Skycrane 176
Kamow Ka-26 178
Mil Mi-24 180
Mil Mi-26 182
Mil Mi-10 184

Luftfahrtvisionen - experimentelle Fluggeräte **185**
Solarflugzeug Helios 186
Daedalus 88 188
Bell X-1 190
North American X-15 192
Grumman X-29 194
Avro Canada VZ-9AV „Avrocar“ 196
Nord 1500 „Griffon“ 198
Lapcat A 2 199
Scaled Composites 311 Global Flyer 200
Space Ship One/White Knight 202
Space Ship Two/White Knight Two 204
Lockheed Martin X-33 206

Register 207

Bildquellen 208

Der Traum vom Fliegen?

Flugzeuge über Flugzeuge

Niemand wird mit Gewissheit sagen können, wie viele Flugzeuge es auf der Welt gibt. Jedes Jahr kommen viele neue hinzu. Und jedes Jahr gehen auch einige verloren oder werden ausgemustert. Auch über die Zahl der Flugzeugtypen, Prototypen, Untertypen und Versionen von Typen wird man sich wahrscheinlich nie ein exaktes Bild machen können. Und selbst die Zahl der Bücher, die über Flugzeuge erschienen sind, dürfte unüberschaubar sein.

Mit den Flugzeugen ist es wie mit den Menschen (und mit den Büchern). Da gab es immer welche, die sich hervortaten, die besondere Leistungen aufzuweisen hatten oder etwas zum ersten Mal vollbrachten. Dann gab es andere, unauffälligere, die ihre Pflicht und Schuldigkeit taten, die leisteten, was man von ihnen erwartete, obgleich man ihre Leistungen nicht sonderlich rühmte. Und dann gab es natürlich auch die großen Flops und die totalen Versager. Und auch manches Versagen entzückt heute durch seine Großartigkeit. Es gab solche, die man liebte und verehrte, die nachgerade Kultstatus erlangten, und solche, bei denen man sich fragt, wie sie es geschafft haben, sich so lange im Bewusstsein zu halten. Von den besonderen Flugzeugen, von ihren besonderen Leistungen handelt dieses Buch.

Wie begann alles? Am Anfang stand ein Mann auf einem Hügel und wollte fliegen. Er hieß Otto Lilienthal und war der Erfinder eines Stabilbaukastens für Kinder. Vielleicht hatte auch er von dem Gerücht gehört, dass Fliegen der große Menschheitstraum sei. Vielleicht muss man erst einen Stabilbaukasten erfinden, um zu dem Entschluss zu kommen, dass

Am Anfang stand ein Mann auf einem Hügel ...

man für einen großen Menschheitstraum auch etwas tun muss, wenn er wahr werden soll. Viele Zeitgenossen haben ihn für kindisch gehalten, für einen übergeschnappten Berliner Ingenieur, der auf einem brandenburgischen Hügel mit einem Flugapparat seine komischen Hopser aufführt. Und doch verdanken wir ihm nicht nur seine Hopser, sondern die ersten grundlegenden wissenschaftlichen Erkenntnisse über den Zusammenhang von Luftströmung und Auftrieb. Kein akademischer Physiker hat sich vor Lilienthal die Mühe gemacht, eine aerodynamische Theorie des Tragflügels auch nur spekulativ anzudeuten. Kinderkram für Stabilbaukastenerfinder! Damit beschäftigt sich kein ernsthafter Wissenschaftler. Zumindest für Physiker kann gesagt werden: Sie haben nie vom Fliegen geträumt. Oder sie haben es sehr gut verheimlicht. Am 9.8.1896 stürzte Lilienthal bei einem Gleitflugversuch ab, verletzte sich schwer und starb am folgenden Tag. Aber die Resultate seiner Arbeit wirkten weiter. Wirkten nicht zuletzt auf die Brüder Wright, die im fernen Amerika aufmerksam verfolgten, was sich auf den grünen Hügeln Brandenburgs tat. An der Küste von Kitty Hawk, wo der atlantische Wind schön stark und schön gleichmäßig blies, quasi in einem natürlichen Windkanal, unternahmen sie ihre ersten Gleitflüge. Sie lösten das Problem der Steuerung und sie lösten das Problem des Antriebs. Es war gerade einmal 15 Jahre her, dass Bertha Benz mit dem Motorwagen ihres Mannes vor der Apotheke zu Wiesloch gehalten und um Benzin nachgefragt hatte, das es zu dieser Zeit nirgends sonst als in Apotheken zu kaufen gab.

Die Wrights konnten sich keinen Flugzeugmotor irgendwoher beschaffen; sie mussten ihn selbst bauen. Der 17.12.1903 war der Geburtstag des kontrollierten Motorflugs.

Aber der Traum der beiden Brüder aus Ohio war noch lange nicht der Traum der Menschheit. Das merkten sie bald, als sie ihre Erfindung an den Mann bringen wollten. Euphorische Begeisterung? Erschallte nicht überall der Ruf „Endlich! Es ist endlich geschafft!“? Fehlanzeige. Nicht einmal das Militär, das sonst immer eilends nach jedem Instrument griff, mit dem sich Menschen effektiver abschlachten ließen, reagierte sonderlich interessiert.

Das sollte sich jedoch bald ändern. Das Flugzeug eines europäischen Konkurrenten, der Eindecker des Franzosen Louis Blériot, machte als erstes Flugzeug der Welt auch eine militärische Karriere. Italien führte 1911 einen Kolonialkrieg in Libyen. Bei dieser Gelegenheit stellte man fest, dass man vom Flugzeug aus bestens die gegnerischen Truppenbewegungen erkunden und die eigenen Operationen dirigieren konnte. Die Italiener setzten dafür „Tauben“ des Österreichers Ignaz Etrich ein. Von einem solchen Flugzeug aus erfolgte auch der erste Bombenabwurf der Militärgeschichte.

Traum oder Alptraum?

Gerade noch hatten sie sich auf den Flugschauen getroffen, die Deutschen und Briten, die Österreicher und Franzosen, Luftfahrtpioniere aller Nationen; jetzt sollten sie aufeinander schießen und mussten erleben, wie das Militär ihnen die Fluggeräte aus der Hand nahm und ausprobierte, was sich damit für kriegerische Zwecke anfangen ließ. Am Anfang waren es Beobachtung und Aufklärung und die Feuerführung der Artillerie. Dafür wurden am Anfang des Krieges viele Etrich-Tauben eingesetzt, so genannt wegen der charakteristischen Formen der Flügel und des Leitwerks. Dieser erfolgreiche Flugzeugtyp wurde viel in Lizenz gebaut, aber auch hemmungslos von anderen Herstellern kopiert.

Schon im ersten Kriegsjahr wurden die Flugzeuge mit Maschinengewehren bewaffnet. Man rühmte die deutsche Erfindung des Maschinengewehrs, das mit dem Flugzeugmotor synchronisiert war, so dass man durch den Propellerkreis schießen konnte. Am Ende des Ersten Weltkriegs hatte nicht nur die Spezialisierung in verschiedene Gattungen der Kriegsflugzeuge – Bombenflugzeuge, Jagdflugzeuge, Schlachtflugzeuge und Aufklärungsflugzeuge – eingesetzt, wie wir sie auch noch heute kennen, waren nicht nur die ersten Ganzmetallflugzeuge über den Schlachtfeldern aufgetaucht, sondern hatte auch der Bombenkrieg erstmals eine Dimension angedeutet, die er ein Vierteljahrhundert später tatsächlich erreichen würde. In der Wiesbadener Emanuel-Geibel-Straße erinnert eine Gedenktafel an die Zerstörung eines Hauses und den Tod mehrerer Bewohner durch alliierte Luftangriffe Ende Oktober 1918.

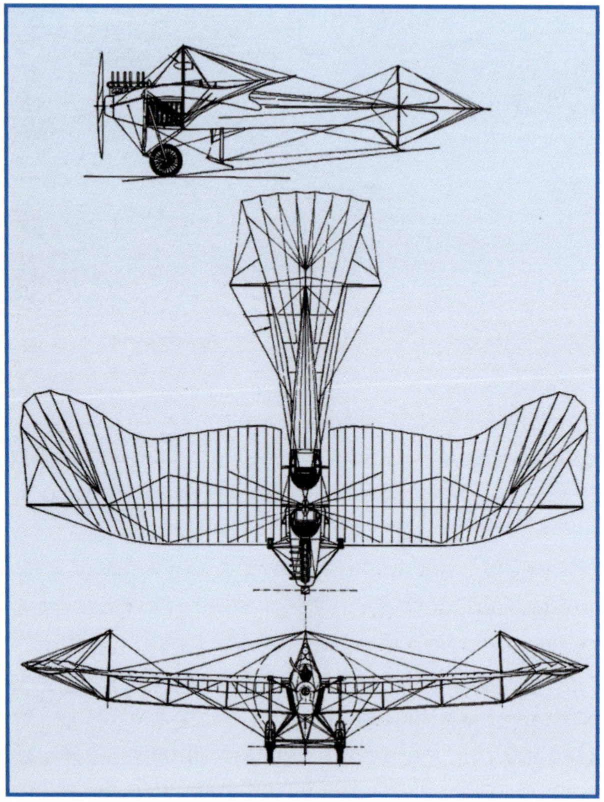

Dreiseitendarstellung der Etrich-Taube

Replik der Etrich-Taube im Flug. Die Maschine wurde in Lizenz gebaut oder oftmals einfach nur kopiert.

Der Krieg brachte, so makaber das ist, einen gewaltigen technischen Aufschwung für den Flugzeugbau. Neue Luftfahrtnationen traten auf den Plan. In Russland zum Beispiel hatte ein gewisser Igor Sikorsky schon vor dem Krieg riesige viermotorige Flugzeuge gebaut, die alles in den Schatten stellten, was Westeuropa bisher in die Luft gebracht hatte. „Ilja Muromez“ (Bild rechts) nannte er die viermotorigen Doppeldecker, die in Friedenszeiten bis zu 16 Passagiere befördern konnten. Im Ersten Weltkrieg wurden sie zu Bombern umgebaut und machten ihrem Namenspatron, dem Recken aus der russischen Sage, alle Ehre. Bis zu 800 kg Bombenlast konnten die Sikorskys ins Ziel schleppen. Nur ein einziges Flugzeug holten die Deutschen während des gesamten Krieges vom Himmel; sie waren von dem Wrack so begeistert, dass sie die Maschine umgehend nachzubauen versuchten. Igor Sikorsky ging nach der Russischen Revolution nach Amerika. Dort baute er ein Unternehmen auf, das nach dem Zweiten Weltkrieg zum Synonym für den Hubschrauber schlechthin wurde. Russland nahm, nach den Zeiten des Bürgerkriegs und der ökonomischen Zerrüttung, die Tradition des Großflugzeugbaus wieder auf. 1934 entstand das größte Flugzeug der Welt, die An-20 „Maxim Gorki“, unter dem Zeichen des Sowjetsterns. Und ein halbes Jahrhundert später flog das größte und schwerste Transportflugeug der Welt, die An-225, mit sowjetischen Kennzeichen.

Die seinerzeit als riesig empfundene Ilja Muromez von Igar Sikorsky steht heute im Museum.

Nach dem Ersten Weltkrieg standen Tausende Kriegsflugzeuge nutzlos herum. Tausende und Abertausende Militärpiloten standen auf der Straße und suchten Beschäftigung. Einige der Jagdfliegerasse des Krieges, wie Ernst Udet, verdienten sich bei Kunstflugveranstaltungen und Filmstunts ihre Brötchen. Andere, wie Hermann Göring, bereiteten den nächsten Krieg vor. Die meisten glaubten an eine friedliche Zukunft der Luftfahrt. Und auch die Flugzeugbauer begannen sich auf den Frieden einzustellen. Das zivile Flugzeug wandelte sich nun sehr schnell von einem Sportgerät der Reichen zu einem Verkehrsmittel der Eiligen, die allerdings auch ein bisschen wohlhabend sein mussten, um sich die Exklusivität eines Fluges zu leisten. Besonders die großen Flugboote der Zwischenkriegszeit boten den Passagieren einen Komfort, den sie von den großen Luxusdampfern kannten. Die Landflugzeuge, denen es oft noch an Flughäfen fehlte, waren etwas bescheidener dimensioniert, aber viel unbequemer als in einem Ferienflieger heute saß man auch darin nicht.

Mit den neuen zivilen Flugzeugen kamen die Flugschauen und die Wettbewerbe, auf denen sich die Spitzenerzeugnisse der Luftfahrtindustrie spannende, aber friedliche Kämpfe lieferten. Zu den bekanntesten gehörten die Wettbewerbe um die Schneider-Trophäe, mit der Geschwindigkeitsrekorde gewürdigt wurden. Hohe Geldpreise wurden ausgesetzt für die Erstbefliegung bestimmter Routen. Sowohl die erste Atlantiküberquerung durch Alcock und Brown als auch der Atlantikflug Lindberghs kamen durch solche Preisausschreiben zustande und förderten die Entwicklung der Luftfahrt.
In die Jahre nach dem Ersten Weltkrieg fielen auch die ersten großen Luftfahrtschauen und Fachmessen. Die deutsche ILA hatte ihre Wurzeln in den Zwanzigerjahren. Farnborough in England wurde zu einem Begriff ebenso wie der Luft- und Raumfahrtsalon in Le Bourget. Die Hersteller präsentierten dort ihre Neuentwicklungen. Und Luftfahrtenthusiasten freuten sich über Wiederbegegnungen mit gepflegten, restaurierten oder nachgebauten Oldtimern. Oft waren es die Legenden der Luftfahrtgeschichte – die CD-3 ebenso wie die „Tante Ju", die Catalina-Flugboote wie die Vickers Vimy –, die gleichsam als lebendiges Museum die Zuschauer begeisterten.

1939 unterbrach abermals ein Weltkrieg die friedliche Entwicklung der Luftfahrt. Er lehrte die Menschen, was Luftkrieg bedeuten kann, wenn er rücksichtslos und total geführt wird.

Die Verkehrsmaschinen wurden seit 1945 immer größer und leistungsfähiger. Geschwindigkeit und Größe scheinen aber sowohl ökonomische wie auch ökologische Grenzen gesetzt zu sein.

Der zivilen Luftfahrt entwuchsen nach dem Zweiten Weltkrieg zwei neue Zweige, die auch in der Typenentwicklung interessante Blüten trieben. Die Allgemeine Luftfahrt (also die gesamte zivile Luftfahrt außer dem Linien- und Charterverkehr der Fluggesellschaften) entwickelte sich zum heute größten Segment der zivilen Luftfahrt, was die Anzahl der Flugzeuge und der Flugbewegungen betrifft. Daneben wuchs der Regional- und Zubringerverkehr zu einem relativ eigenständigen Zweig der Verkehrsfliegerei heran, der eigene, genau auf dieses Verkehrsaufkommen zugeschnittene Flugzeugtypen hervorbrachte.

Wie hier in Dubai 2007 finden Flugschauen in aller Welt großes Interesse.

Flugpioniere und ihre fliegenden Kisten

Wright Flyer

Betrachtet man die konstruktiven Details, dann war der Wright Flyer eigentlich ein sehr modernes Flugzeug, obwohl er wirklich wie eine fliegende Kiste aussah. Er war als Doppeldecker mit Canard-Flügeln ausgelegt – solche Vorderflügel nutzen auch die neuesten Kampfjets und die fortschrittlichsten Reiseflugzeuge zur Verbesserung ihrer Flugleistungen.

Als Vorläufer testeten die Brüder Wright seit 1901 an der Atlantikküste bei Kitty Hawk die aerodynamischen Prinzipien anhand eines Gleit-Doppeldeckers, den sie zunächst unbemannt, später bemannt auf Flugleistungen bis 600 m brachten.

Wie später im Motorflugzeug erfolgte die Steuerung des Flugapparats durch einen Piloten zunächst in Bauchlage. Dabei bemerkten sie: Den Kurvenflug allein mittels Flügelverwindung vorzunehmen, das erwies sich als gefährlich bis unmöglich, denn dazu brauchte es bewegliche Ruder – heute eine Selbstverständlichkeit, damals eine wichtige Entdeckung. Die Steuerung um drei Achsen ist bis heute die Grundlage jeglichen Flugzeugbaus.

1903 war der passende Motor fertig. Der 17.12.1903 ist als das Datum des ersten Motorflugs in die Geschichtsbücher eingegangen. Der Anspruch ist nicht unumstritten. Doch alle vor diesem Datum verbürgten Motorflüge waren im Grunde ungesteuerte Flüge, von denen keine weiteren wesentlichen Impulse für die Entwicklung der Luftfahrt ausgingen.

Bei den Wrights sah es anders aus: Sie besaßen neben technischem Verstand, Mut und Durchsetzungskraft auch noch den nötigen Geschäftssinn und die Fähigkeit, mit Förderern und Geldgebern zu kommunizieren.

Orville (links) und Wilbur (rechts) Wright um 1903

Wright Model A beim Flug über Fort Myers im Jahr 1908

Modell:	*Wright Flyer*
Herkunftsland:	*USA*
Spannweite:	*12,30 m*
Länge:	*6,40 m*
Antrieb:	*ein 4-Zylinder-Viertakt-Benzinmotor mit 9 kW, auf zwei gegenläufigen Luftschrauben*
Höchstgeschwindigkeit:	*19 km/h (am Tag des Erstflugs)*
Reichweite:	*260 m (am Tag des Erstflugs)*

Blériot XI

1908 entwarf Louis Blériot (zusammen mit Raymond Saulnier, dem Begründer der Morane-Saulnier-Flugzeugwerke) sein erfolgreichstes Flugzeug, die Blériot Type XI. Das Flugzeug war als Eindecker ausgelegt; der Rumpf bestand aus Eschenholz und war mit verstärkenden Querrippen versehen und mit Stoff bespannt. Auch der Tragflügel des verspannten Schulterdeckers war eine stoffbespannte Holzkonstruktion. **Mit diesem Modell schuf Blériot den ersten modernen Eindecker der Luftfahrtgeschichte.**

Schon vor seinem legendären Kanalflug errang Louis Blériot mehrere Rekorde mit seinem Flugzeug: so am 26.6.1909 mit 36 Minuten und 55 Sekunden **den europäischen Dauerflugrekord.** Am 15.7. gelang ihm die **erste erfolgreiche Überquerung des Ärmelkanals mit einem Flugzeug** in einer Flugzeit von etwas über 35 Minuten. Der Überlieferung nach schaffte er das nur deshalb, weil sein Konkurrent Hubert Latham, der das gleiche Unternehmen mit einem Antoinette-Eindecker wagen wollte, an diesem entscheidenden Morgen verschlafen hatte. Einen Monat später stellte Blériot mit 74,318 km/h einen neuen europäischen Geschwindigkeitsrekord auf. In der Folge dieses ereignisreichen Sommers entstand eine riesige Nachfrage nach der XI – bis zum Beginn des Ersten Weltkriegs verkaufte Blériot Hunderte Maschinen, allein 1913 waren es 800 (die Gesamtproduktion der französischen Flugzeugbauer betrug 1300 Einheiten). Das Modell XI war damit auch der **erste wirkliche Flugzeug-Typ, der in großer Stückzahl gebaut wurde**. Und auch das Militär begann sich dafür zu interessieren.

Seitenansicht der Blériot XI

Der Blériot-Monoplane Type XI

Modell:	Blériot XI
Herkunftsland:	Frankreich
Spannweite:	7,81 m
Länge:	7,05 m
Antrieb:	ein Anzani 3-Zylinder-Motor mit 18,4 kW
Höchstgeschwindigkeit:	74 km/h
Flugdauer:	ca. 40 Minuten
Gipfelhöhe:	ca. 1000 m

Vickers F.B.27 „Vimy"

Die Vimy von Vickers wurde in Großbritannien gegen Ende des Ersten Weltkriegs als schweres Bombenflugzeug entworfen, um damit Luftangriffe gegen Deutschland in großem Umfang vorzutragen. Seine eigentliche Bestimmung fand das Flugzeug aber nach dem Krieg.

John Alcock und Arthur Whitten Brown gelang 1919 die erste Atlantiküberquerung in einem Flugzeug von West nach Ost. Die beiden Briten, die mit Zusatztanks bewehrt am 14.6.1919 in Neufundland abhoben, steuerten auf kürzestem Wege nach Irland. Dort landeten sie am 15.6.1919 auf einem Platz, den sie für eine ebene Wiese hielten, der sich aber als Rieselfeld entpuppte. Das Flugzeug stellte sich bei der Jauchelandung auf die Nase; die Piloten blieben unverletzt und konnten das Preisgeld von 10.000 Pfund Sterling (200.000 Goldmark, entspricht nach dem Kaufkraftindex von 1913 ca. 1,6 Mio. Euro) einstecken. Mit der Vimy wurden noch weitere Erstflüge unternommen und Bestleistungen erzielt: so der Etappenflug London–Australien von Ross und Keith Smith oder der Erstflug London–Kapstadt der Südafrikaner Pierre van Ryneveld und Quintin Brand, die 1920 zwei Vimys auf dem Weg verschlissen und das letzte Stück ihrer 45-Tage-Reise in einer De Havilland DH.9 zurücklegen mussten, die ihnen von Südafrika aus entgegengeschickt wurde.

Steve Fossett, der flugzeugverrückte Unternehmer aus den USA, ließ es sich 2005 nicht nehmen, mit einem Nachbau der Vickers Vimy den Atlantik zu überqueren.

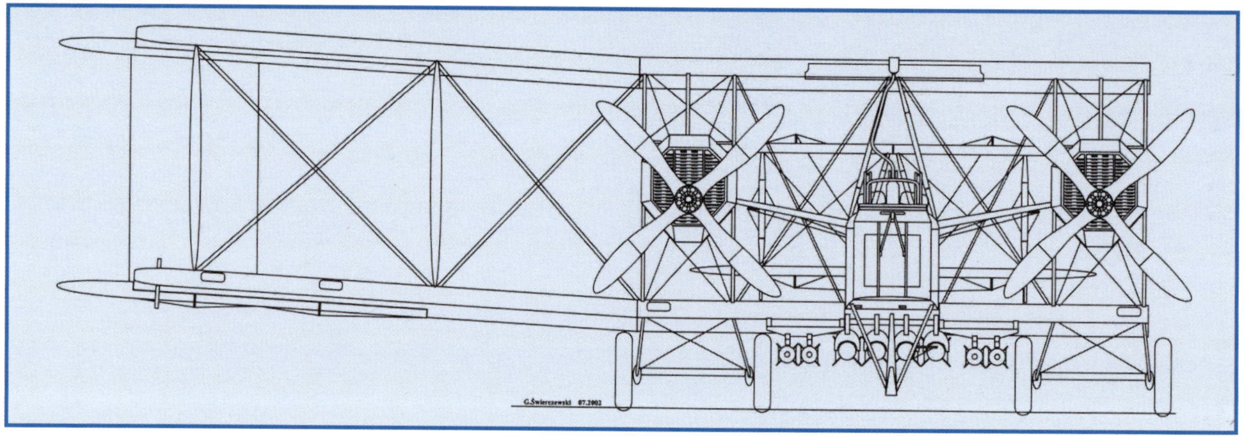

Risszeichnung einer Vickers Vimy

Eine historische Vickers Vimy als Museumsstück

Modell:	Vickers F.B.27 Mk. I
Herkunftsland:	Großbritannien
Spannweite:	20,75 m
Länge:	13,26 m
Antrieb:	zwei Rolls-Royce Eagle VIII mit je 268 kW
Höchstgeschwindigkeit:	165 km/h
Reichweite:	1448 km
Gipfelhöhe:	2135 m

Ryan M 2 „Spirit of St. Louis"

Die berühmte „Spirit of St. Louis" war der Umbau eines Serienflugzeuges M 2 der Ryan Airlines, das sich der Pilot Charles Lindbergh speziell für seinen Ozeanflug von New York nach Paris anfertigen ließ.

Anders als seine Konkurrenten, die mit zweimotorigen Maschinen den Überflug wagten (und scheiterten), hatte sich Lindbergh für eine einmotorige Version entschieden. Um die Reichweite des Flugzeugs zu verlängern, hatte er zusätzliche Tanks im Bug des Flugzeugs einbauen lassen. Lindbergh wollte im Falle einer Bruchlandung nicht zwischen Tank und Motor eingeklemmt werden. Diese Einbauten verhinderten allerdings die Sicht der Piloten nach vorn, so dass sich Lindbergh mittels eines Periskops, praktisch per indirekter Sicht, orientieren musste.

Das Spezialflugzeug Lindberghs war auf niedrigsten Luftwiderstand und geringstes Eigengewicht hin optimiert worden. Alle „überflüssigen" Instrumente wurden ausgebaut; selbst auf eine Tankanzeige verzichtete Lindbergh, der den Tankinhalt und den Benzinverbrauch des Motors so genau kannte, dass er per Hand zwischen den einzelnen Tanks hin und her schalten konnte, um damit gleichzeitig das Flugzeug in der Trimmung zu halten.

Am 20.5.1927 startete Lindbergh in New York und landete am 21.5. in Paris; damit absolvierte er den ersten Nonstopflug auf dieser Strecke über den Atlantik.

Lindberghs Spirit of St. Louis

Cockpit mit Periskop

Modell:	Ryan M 2 „Spirit of St. Louis“
Herkunftsland:	USA
Spannweite:	14,03 m
Länge:	8,56 m
Antrieb:	ein Wright J-5C Whirlwind 9-Zylinder-Sternmotor mit 175 kW
Höchstgeschwindigkeit:	210 km/h
Reichweite:	6600 km
Gipfelhöhe:	5000 m

Fokker F.VIIa 3m

Nachdem 1924 die ersten fünf Fokker VII in einmotoriger Ausführung fertig gestellt worden waren, entschloss man sich bei Fokker, mit der F.VIIa eine verbesserte dreimotorige Version auf den Markt zu bringen. Die Fokker Trimotor, wie sie in den USA auch genannt wurde, war ein großer Erfolg. Der freitragende Hochdecker mit dickem Flügel in Holzbauweise hatte den Rumpf aus einem Stahlrohrgerüst mit Holzbeplankung.

Modell:	*Fokker F.VIIa 3m*
Herkunftsland:	*Niederlande*
Spannweite:	*19,30 m*
Länge:	*14,35 m*
Antrieb:	*drei Wright J-5 9-Zylinder-Sternmotoren mit je 164 kW*
Höchstgeschwindigkeit:	*185 km/h*
Reichweite:	*1160 km*
Gipfelhöhe:	*2600 m*

Der Erstflug fand am 4.9.1925 in Amsterdam statt. Drei Tage später verschiffte man das Flugzeug nach Amerika. **Dort nahm die Maschine vom 28.9. bis 8.10.1925 an einem von Henry Ford organisierten Zuverlässigkeitswettbewerb teil, den sie gewann.** Anschließend übernahm **Admiral Byrd** das Flugzeug für seine Nordpol-Expedition. **Er will damit am 6.5.1926 den Nordpol überflogen haben**; doch wurden an seiner Darstellung auch erhebliche Zweifel geäußert.

Die Fokker Trimotor war eine der vielseitigsten Maschinen ihrer Zeit. Mit einer Kapazität von zehn Passagieren – ideal dimensioniert für den damaligen Luftfahrtbedarf – war sie Anfang der Dreißigerjahre nicht nur bei 54 Luftfahrtgesellschaften im Einsatz; zahlreiche Lizenzbauten – wie etwa die Atlantic Fokker C-2 in den USA – wurden auch militärisch genutzt: als Transportflugzeug oder, wie bei der polnischen Armee, als Bomber und als Absetzer für Fallschirmjäger.

Mit der größeren und stärker motorisierten Weiterentwicklung F.VIIb überquerte Charles Kingsford Smith vom 31.5. bis 8.6.1928 in drei Etappen den Pazifik von Oakland (USA) nach Brisbane (Australien) und erschloss damit diese Verbindung für die zivile Luftfahrt.

Seit Anfang der Dreißigerjahre wurde die Fokker Trimotor schließlich von Ganzmetallflugzeugen verdrängt.

Cockpit der Fokker F.VIIa

Die Lizenzversion der F.VIIa in den USA: die Atlantic Fokker C-2

Passagierflugzeuge – beliebt und vertraut

Junkers F 13

Als nach dem Ersten Weltkrieg die Beschränkungen des Versailler Vertrags Deutschland den Bau von Großflugzeugen untersagten, mussten sich die deutschen Flugzeugbauer entscheiden, ob sie weiter Flugzeuge bauen wollten oder Kochgeschirre. Die Dessauer Junkers-Werke entschieden sich für den Flugzeugbau, wobei sie einen Teil der Entwicklung und Produktion ins Ausland verlegten. Während die Siegermächte mit einem riesigen Bestand an großen Kriegsflugzeugen versehen waren, der an die Friedensbedingungen angepasst werden konnte, musste sich Deutschland, das alle Kriegsflugzeuge ausgeliefert hatte, auf Neukonstruktionen stützen. In Dessau entstand 1919 das einmotorige Verkehrsflugzeug F 13. Es gilt als das erste Flugzeug der Luftfahrtgeschichte, das von Anfang an speziell und ausschließlich als ziviles Passagierflugzeug entwickelt wurde. Die Ganzmetallbauweise aus Duraluminiumprofilen mit der für die Junkers-Flugzeuge typischen Wellblechbeplankung des Rumpfes und der Auslegung als freitragender Tiefdecker entsprachen in ihrer Zeit den modernsten technischen Standards.

Üblicherweise wurden vier Passagiere in einer geschlossenen Kabine befördert – die Piloten saßen in einem anfangs offenen Cockpit.

Am 13.9.1919 errang die F 13 mit acht Personen an Bord einen Höhenweltrekord von 6750 Metern.

Insgesamt wurden bis 1930 ca. 350 Maschinen in unterschiedlichen Ausführungen und Motorisierungen gebaut.

Die Junkers F 13 mit Schwimmern unter extremen Bedingungen im hohen Norden.

Bestaunt und bewundert: die F 13 nach der Wasserung.

Die F 13 wird aufgetankt.

Modell:	*Junkers F 13*
Herkunftsland:	*Deutschland*
Spannweite:	*17,80 m*
Länge:	*10,50 m*
Antrieb:	*ein Junkers-Motor Ju L2 mit 170 kW*
Höchstgeschwindigkeit:	*170 km/h*
Reichweite:	*1200 km*
Gipfelhöhe:	*4000 m*

Junkers G 38

Hugo Junkers hatte bereits vor dem Ersten Weltkrieg die Idee eines Nurflügel-Flugzeugs entwickelt und sich verschiedene Konstruktionsprinzipien patentieren lassen. Bei der G 38 waren nicht nur die Motoren und Treibstoffvorräte, sondern auch ein Teil der Passagiersitze im so genannten dicken Flügel untergebracht. Der Mitteldecker mit dem charakteristischen Kastenleitwerk wurde mehrfach umgerüstet, zuletzt 1934/35 auf Dieselmotoren. Weil die Kapazität des Flugzeugs den Bedarf überstieg, wurden nur zwei Exemplare gefertigt: Das erste (D 2000, später D-AZUR) bot 19, später 30 Passagieren Platz und stürzte 1936 bei einem Werksflug infolge eines Wartungsfehlers ab und konnte nicht mehr instandgesetzt werden. Das zweite (D 2500, später D-APIS), für 34 Passagiere vorgesehen, wurde mit Kriegsbeginn 1939 als Transportflugzeug eingesetzt und ging 1941 in Athen bei einem britischen Luftangriff am Boden verloren.

Die G 38 sah nicht nur rekordverdächtig aus, **sie errang beim Zulassungsflug am 27.3.1930 zwei Weltrekorde: den Streckenrekord auf der geschlossenen Strecke und den Geschwindigkeitsrekord über die 100-km-Strecke** jeweils mit 5000 kg Nutzlast.

Den Streckenrekord verbesserte die Junkers G 38 am 10.4.1930 (von 200,636 auf 501,590 km), außerdem errang sie an diesem Tag den **Dauerflugrekord über 3 Stunden 2 Minuten sowie einen neuen Geschwindigkeitsweltrekord mit 184,464 km/h.**

Besonders beeindruckend wirkt die Junkers G 38 durch den Größenvergleich mit der zierlich wirkenden, zweisitzigen A 50 von Junkers.

Die Junkers G 38 mit der Kennzeichnung D-2000.

Modell:	*Junkers G 38*
Herkunftsland:	*Deutschland*
Spannweite:	*44,00 m*
Länge:	*23,20 m*
Antrieb:	*zwei 12-Zylinder-V-Motoren je 441 kW und zwei 6-Zylinder-Reihenmotoren je 294 kW*
Höchstgeschwindigkeit:	*225 km/h*
Reichweite:	*3500 km*
Gipfelhöhe:	*6400 m*

Junker Ju 52 „Tante Ju"

Als man in den Junkers-Werken bemerkte, dass die einmotorige Frachtmaschine Ju 52 die kommerziellen Erwartungen nicht erfüllte, entschloss man sich bereits ab dem siebten Exemplar zu einer dreimotorigen Ausführung. Mit dieser Ju 52/3m errangen die Junkers-Werke einen Erfolg, der luftfahrtgeschichtlich bis dahin einmalig war. Man kann die Ju 52 als **das erste in Großserie hergestellte Flugzeug** ansprechen.

Der Erfolg der Maschine, die am 7.3.1932 zum ersten Mal flog, beruhte auf der großen Zuverlässigkeit der Konstruktion. Charakteristisch war die Wellblechhaut. Der patentierte Junkers-Doppelflügel sorgte für kurze Start- und Landestrecken. Mit ihrem robusten Fahrwerk konnte die Ju 52 auch auf Plätzen mit wenig oder behelfsmäßig ausgebauten Pisten operieren. Auch Versionen mit Schwimmern wurden ausgeliefert. **Zu ihrer Zeit war die Ju 52 das größte Flugzeug mit Kurzstart- und -landeeigenschaften.**

Serienproduktion im Werk bei Junkers

Die Ju 52 – wegen ihrer behäbigen Geschwindigkeit (290 km/h) und ihrer plump wirkenden Erscheinung „Tante Ju" genannt – ist noch heute auf Flugschauen gern gesehen. Der Deutschen Lufthansa dient ein restauriertes Exemplar als Traditionsflugzeug für Rundflüge.

Schnittzeichnungen mit Schnitten durch die Profile der Ju 52

Blick ins Cockpit der Ju 52

Modell:	*Junkers Ju 52/3m reo*
Herkunftsland:	*Deutschland*
Spannweite:	*29,30 m*
Länge:	*18,90 m*
Antrieb:	*drei BMW 132 Da/Dc mit 588 bis 647 kW*
Höchstgeschwindigkeit:	*290 km/h*
Reichweite:	*1300 km*
Gipfelhöhe:	*5800 m*

Focke-Wulf Fw 200 „Condor"

Mitte der Dreißigerjahre meldete die Deutsche Lufthansa Bedarf für ein Passagierflugzeug an, das hinsichtlich Flugleistungen und Kapazität der Ju 52 überlegen war. Das Team von Kurt Tank begann bei Focke-Wulf im Frühjahr 1936 mit der Konstruktion; schon im Herbst begann man mit dem Bau von drei Prototypen, deren erster am 27.7.1937 zum ersten Mal flog. Wenig später wurden neun Einheiten des ersten Vorserienmodells Fw 200A-0 gebaut, von denen fünf bei der Lufthansa flogen; jeweils zwei wurden nach Dänemark und Brasilien exportiert. Die „Condor" bot in der Normalausführung in einem „Rauchsalon" neun Passagieren und in der Hauptkabine 16 bis 17 Fluggästen Platz.

Mit der „Condor" führte man eine Reihe spektakulärer Versuchsflüge aus. So flog am 10.8.1938 die „Brandenburg" (D-ACON) als **erstes landgestütztes Passagierlangstreckenflugzeug nonstop** die 6371 km lange Strecke **von Berlin-Staaken nach New York** (Floyd Bennett Field) in 24 Stunden, 36 Minuten und 12 Sekunden; den Rückflug auf der West-Ost-Route schaffte sie in 19 Stunden, 47 Minuten und 1 Sekunde.

Während des Zweiten Weltkriegs wurde die Version Fw 200C als Seeaufklärungs- und Kampfflugzeug überwiegend über dem Nordatlantik eingesetzt. Auch die zivilen Versionen wurden – bis auf zwei Ausnahmen – von der Luftwaffe für Truppen- und Materialtransporte eingesetzt.

Die Focke-Wulf „Condor" schaffte als Erste den Nonstop-Flug von Berlin nach New York.

Die Fw 200 „Nordmark", eine zivil genutzte Condor

Die militärische Version der Fw 200

Modell:	*Focke-Wulf Fw 200A*
Herkunftsland:	*Deutschland*
Spannweite:	*32,84 m*
Länge:	*23,85 m*
Antrieb:	*vier BMW 132G-1 mit je 530 kW*
Höchstgeschwindigkeit:	*430 km/h*
Reichweite:	*1450 km*
Gipfelhöhe:	*7200 m*

Junkers Ju 90

1936 begann Ernst Zindel, der Schöpfer der Ju 52, bei Junkers mit der Konstruktion eines viermotorigen Verkehrsflugzeugs. Basis waren die Entwürfe zum viermotorigen strategischen Bomber Ju 89, mit dem man beim Reichsluftfahrtministerium nicht zum Zuge gekommen war. Die Ju 90 war als freitragender Tiefdecker mit einer Kapazität von 40 Passagieren ausgelegt. In dieser Größenordnung wäre die Ju 90 geeignet gewesen, der Douglas DC 4 Konkurrenz zu machen, die seit 1938 entwickelt wurde. **Der erste Prototyp (D-AALU) mit dem Namen „Der Große Dessauer" erflog am 8.6.1938 einen neuen Höhenweltrekord von 7242 Metern mit 10 t Nutzmasse.**

Die Ju 90, das größte viermotorige deutsche Passagierflugzeug

1939 errang die Ju 90 einen weiteren Höhenweltrekord von 9312 Metern mit 5 t Nutzmasse.

Bis zum Kriegsbeginn wurden nur sechs Maschinen an die Lufthansa ausgeliefert. Nach Kriegsbeginn wurde die Ju 90 als militärischer Transporter gebaut und ab 1940 zur stärkeren Ju 290 weiterentwickelt. Bis zur Einstellung der Produktion viermotoriger Flugzeuge wurden neben 14 Ju 90 noch 65 Ju 290 in verschiedenen Versionen gebaut. Auch die zivilen Maschinen, die bis zuletzt bei der Lufthansa flogen, wurden fast ausnahmslos militärisch als Transportmaschinen genutzt; keine überstand den Zweiten Weltkrieg. Mehr Glück hatten die ins Ausland gelieferten Maschinen; eine Ju 90 A-6 wurde in der Tschechoslowakei fertig gestellt, eine spanische blieb bis 1955 im zivilen Luftverkehr im Dienst.

„Der Große Dessauer", Prototyp der Ju 90, erflog schon beim Test einen Höhenweltrekord.

Modell:	*Junkers Ju 90*
Herkunftsland:	*Deutschland*
Spannweite:	*35,00 m*
Länge:	*26,30 m*
Antrieb:	*vier 4-Zylinder-Sternmotoren BMW 132 H mit je 550 kW*
Höchstgeschwindigkeit:	*350 km/h*
Reichweite:	*2090 km*
Gipfelhöhe:	*5500 m*

Tupolew ANT-20 „Maxim Gorki"/ANT-20 bis

In der Sowjetunion der Zwanziger- und Dreißigerjahre spielte sich der Flugzeugbau quasi hinter verschlossenen Türen ab. Nur gelegentlich wurden außergewöhnliche Flugzeuge oder Rekordflüge präsentiert, die Stalin zur Propaganda für das Sowjetsystem nutzte.

Zu den außergewöhnlichsten Erscheinungen der sowjetischen Luftfahrt gehörte zweifellos die ANT-20 aus dem Konstruktionsbüro Tupolew. Das achtmotorige Riesenflugzeug (sechs Motoren in den Tragflächen, zwei in einer Tandemgondel oberhalb des Rumpfes) mit einer maximalen Startmasse von 42.000 kg hob am 17.6.1934 zum ersten Mal ab. Das **seinerzeit größte Landflugzeug der Welt** war eine Einzelanfertigung und bot Platz für 72 Fluggäste, verfügte über eine Druckerei, Kinoprojektoren, Beschallungsanlagen und ein Fotolabor und wurde überwiegend für Propagandaaufgaben eingesetzt.

Bei einem Sonderflug für verdiente Sowjetfunktionäre und deren Familien wurde das Flugzeug von einem besonders „kühnen" Jagdflieger der Begleitstaffel gerammt und stürzte ab. Daraufhin wurde bis 1938 die ANT-20 bis gebaut, die mit sechs – nun stärkeren – Motoren an den Tragflächen auskam. Die ANT-20 bis war etwas schwerer, aber dennoch schneller als ihre Vorgängerin. Sie beflog für die Aeroflot Fernverbindungen nach dem Kaukasus und von Taschkent nach Urgentsch.

Die ANT-20 „Maxim Gorki" während der Endmontage

Die für die damalige Zeit gewaltigen Dimensionen der ANT-20 bis werden im Vergleich zu den einsteigenden Passagieren besonders deutlich.

Die nach dem Verlust der „Maxim Gorki" gebaute ANT-20 bis kam mit sechs statt acht Triebwerken aus, die dafür eine höhere Leistung brachten.

Die Maschine ging am 14.12.1942 bei einer Bruchlandung verloren.

Auf der rechten Seite sieht man die Schnittzeichnung durch die ANT-20 „Maxim Gorki": Deutlich wird die Nutzung des Mittelflügels für Arbeitsräume wie Druckerei und Fotostudio. Oberhalb des Mittelflügels befindet sich die Motorengondel für den siebenten und achten Motor, die bei der ANT-20 bis weggelassen wurde.

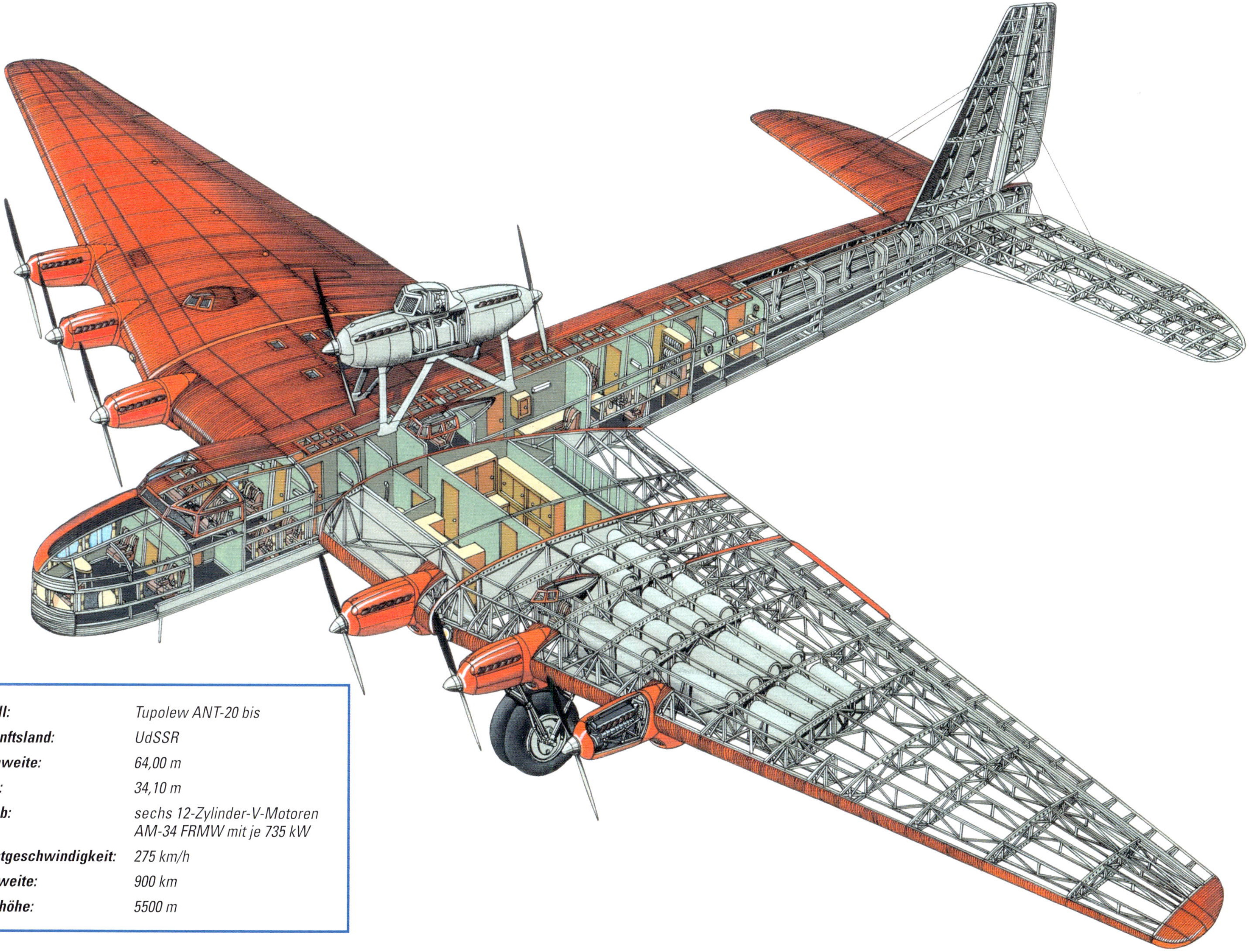

Modell:	*Tupolew ANT-20 bis*
Herkunftsland:	*UdSSR*
Spannweite:	*64,00 m*
Länge:	*34,10 m*
Antrieb:	*sechs 12-Zylinder-V-Motoren AM-34 FRMW mit je 735 kW*
Höchstgeschwindigkeit:	*275 km/h*
Reichweite:	*900 km*
Gipfelhöhe:	*5500 m*

Boeing 247

Die Firma Boeing, 1916 vom Sohn eines deutschen Auswanderers gegründet, beschäftigte sich seit 1927 mit dem Bau ziviler Flugzeuge. Mit der 247 präsentierte Boeing beim Erstflug am 8.2.1933 ein modernes Passagierflugzeug, das sich wesentlich von den damals fast durchweg als Doppeldecker ausgelegten Verkehrsflugzeugen unterschied. **Von vielen Luftfahrthistorikern wird die 247 als das erste wirklich moderne Verkehrsflugzeug angesehen.** Die Auslegung als freitragender Tiefdecker, der aerodynamisch geformte Rumpf in Halbschalen-Ganzmetallbauweise wiesen in die Zukunft. Außerdem war **die Boeing 247 das erste in Serie gebaute mehrmotorige Verkehrsflugzeug**, das über ein Einziehfahrwerk verfügte. Die zehn Passagiere fanden in einer bequemen Kabine Platz und eine Stewardess servierte ihnen dort Speisen und Getränke. Das erwies sich auf Flügen über kontinentale Langstrecken als sehr nützlich und angenehm. Die Route **New York–Los Angeles schaffte die 247** (mit mehreren Zwischenlandungen) **in 18 Stunden**. Die verbesserte Version 247 D erreichte dabei eine Höchstgeschwindigkeit von 324 km/h. Die Crew konnte auf Blindfluginstrumente, Tastfunkgerät, Peilgerät und Echolot zurückgreifen.

Das Design der 247 war Inspiration für zahlreiche spätere Flugzeugkonstruktionen – bei Boeing selbst, aber auch bei vielen anderen Flugzeugbauern in Amerika und in Europa.

Blick ins Cockpit der Boeing 247

Der Passagierraum der Boeing 247 zeigt, dass die Fluggäste doch schon einen bescheidenen Komfort in Anspruch nehmen konnten.

Modell:	Boeing 247 D
Herkunftsland:	USA
Spannweite:	22,66 m
Länge:	16,30 m
Antrieb:	zwei Pratt & Whitney Wasp S1H1-G mit je 410 kW
Höchstgeschwindigkeit:	324 km/h
Reichweite:	1200 km
Gipfelhöhe:	7000 m

Douglas DC-3

Als die Firma Douglas 1934 von American Airlines den Auftrag erhielt, ein neues Flugzeug zu entwickeln, das die veralteten Maschinen aus den Transkontinentalstrecken ablösen sollte, löste Douglas dieses Problem durch Vergrößerung und Überarbeitung der Vorgängerin DC-2. Der Erstflug des neuen Prototyps fand am 17.12.1935 statt. Bekannt wurde die DC-3 zunächst aber unter der Bezeichnung DST (Douglas Sleeper Transport), weil in der Kabine des um 66 cm verbreiterten Rumpfes 14 Doppelstockbetten für Passagiere auf nächtlichen Langstreckenflügen eingebaut worden waren. Bis zum Eintritt der USA in den Zweiten Weltkrieg hatte Douglas bereits 455 Maschinen des neuen Typs ausgeliefert, davon allerdings nur 38 in der Version DST. Denn das eigentliche Potenzial steckte in der

Heute ein Museumsstück, einstmals das Muster für viele Nachahmungen und Lizenzbauten: die DC-3

Beförderung sitzender Passagiere – und da entsprach die DC-3 mit 21 Sitzplätzen sehr genau dem Bedarf der Zivilluftfahrt dieser Jahre. Schon 1938 wurden 95 Prozent des US-Luftverkehrs mit diesem Flugzeugtyp bewältigt. Außerhalb der USA stand das Modell bei 30 Fluggesellschaften im Dienst.

Kaum ein Flugzeug dieser Klasse wurde häufiger kopiert und nachgebaut als die DC-3. Außer den unmittelbaren Lizenzbauten – während des Zweiten Weltkriegs entstanden in der UdSSR Tausende Li-2 – können auch Typen wie die sowjetische Il-14 oder die schwedische Saab 90 nicht verleugnen, dass sie von der DC-3 beeinflußt wurden.

Als militärische Version C-47 bildete die DC-3 das Rückgrat der Transportfliegerei während des Zweiten Weltkriegs und während der Berliner Luftbrücke 1948/49.

Die DC-3 bewährte sich auch unter extremen klimatischen Bedingunge.

Eine DC-3 mit belgischer Kennzeichnung

Modell:	Douglas DC-3A
Herkunftsland:	USA
Spannweite:	28,96 m
Länge:	19,65 m
Antrieb:	zwei Pratt & Whitney Twin Wasp S1C3-G mit je 895 kW
Höchstgeschwindigkeit:	350 km/h
Reichweite:	2170 km
Gipfelhöhe:	6620 m

Lockheed L.1049 „Super Constellation"

Am Anfang der Constellation-Baureihe stand der Auftrag der TWA und der PanAm für ein Langstrecken-Verkehrsflugzeug mit 40 Passagierplätzen. Die „Ur-Connie" flog am 9.1.1943 zum ersten Mal; inzwischen waren die USA in den Krieg eingetreten und alle „Connies" wurden zu militärischen Transportern umgewidmet.

Ab Mai 1945 wurden die Constellations (L.749) wieder als Zivilflugzeuge gebaut, die ab Februar 1946 im Linienverkehr eingesetzt wurden. Die wachsenden Anforderungen des Luftverkehrs verlangten nach größeren Flugzeugen, so dass man sich bei Lockheed entschloss, den Rumpf der Constellation weiter zu strecken – so entstand die Super Constellation, deren Erstflug am 13.10.1950 stattfand.

Die Passagierkapazität lag typischerweise bei 76 bis 99 Plätzen in der **Version G, die zugleich die erfolgreichste und bekannteste Version im internationalen Luftverkehr wurde**.

Zur Vergrößerung der Reichweite wurden an den Flügelenden zusätzliche Tiptanks installiert. Auch die Deutsche Lufthansa bediente in ihren Anfangsjahren die Fernstrecken mit der Super-Connie. Insgesamt 285 zivile (325 militärische) Maschinen dieses Typs wurden gebaut.

1956 wurde die Super Constellation zum Starliner (L.1649) weiterentwickelt, die der Super Constellation äußerlich weitgehend ähnelte.

Auch die Deutsche Lufthansa erwarb diesen Typ. **Eine L.1659A stellte am 1./2.10.1957 auf dem Eröffnungsflug der Linie London–San Francisco einen Rekord für den längsten Nonstop-Passagierflug (23 Stunden und 19 Minuten) auf.** Zuvor hatte ein Starliner den Flug Los Angeles–London in 18 Stunden und 32 Minuten bewältigt.

Der Mittelgang in der Kabine einer Super Constellation

Eine Super Constellation der Deutschen Lufthansa auf dem Flughafen Frankfurt/Main im Jahr 1955

Modell:	*Lockheed L.1049G*
Herkunftsland:	*USA*
Spannweite:	*37,50 m*
Länge:	*34,60 m*
Antrieb:	*vier Curtiss-Wright 8-Zylinder-Doppelsternmotoren R3350-972TC-18DA mit je 2389 kW*
Höchstgeschwindigkeit:	*595 km/h*
Reichweite:	*7600 km*
Gipfelhöhe:	*8400 m*

Bristol 167 „Brabazon"

Mit der Bristol Brabazon ging die britische Luftfahrtindustrie ihr anspruchsvollstes und kostspieligstes Prestigeprojekt nach dem Zweiten Weltkrieg an. Geplant war ein komfortables Großflugzeug für 90 bis 100 Passagiere, das den Atlantik nonstop überqueren konnte und dabei den Reisenden den Komfort eines Luxus-Schiffes gewähren sollte. Mit einer Spannweite von über 70 Metern erreichten die Tragflächen der Brabazon die Grenzen des damals technisch Möglichen. Grundlage des Projekts bildete ein 100 t schwerer Fernbomber, der nicht realisiert worden war.

Für die Endmontage des **zu seiner Zeit größten Landflugzeugs der Welt** musste eigens ein neuer Hangar gebaut werden. Auch die Piste beim Werk Filton musste verstärkt und verlängert werden.

Das Flugzeug wurde von acht Motoren angetrieben, die in die Tragflügel versenkt waren und die jeweils paarweise über Fernwellen auf die vier gegenläufigen Doppelpropeller wirkten. Am 4.9.1949 hob der Prototyp erstmals ab und wurde kurz darauf auf der Luftfahrtausstellung in Farnborough ausgestellt.

Zu Demonstrationszwecken wurden 30 Sitzplätze in den Prototyp eingebaut. Zwar war die Presseresonanz groß, aber das Interesse der Airlines verhalten.

Eine Serienproduktion der Brabazon kam nie zustande. Eine wirtschaftlichere Turboprop-Version war zwar geplant, wurde aber nicht mehr gebaut. Der Prototyp G-AGPW wurde 1953 abgebrochen.

Modell:	Bristol 167
Herkunftsland:	Großbritannien
Spannweite:	70,10 m
Länge:	53,95 m
Antrieb:	acht Sternmotoren Bristol Centaurus XX mit je 1839 kW
Höchstgeschwindigkeit:	483 km/h
Reichweite:	8850 km
Gipfelhöhe:	10.500 m

Das größte Flugzeug der Welt war ein „Millionengrab".

Das seinerzeit größte landgestützte Flugzeug: die Bristol Brabazon

Tupolew Tu-114

Im sowjetischen Flugzeugbau wurden in vielen Fällen militärische Flugzeuge auch für die Zivilluftfahrt weiterentwickelt. So griff auch die Tu-114, die auf dem Pariser Luftfahrtsalon 1959 als Sensation bestaunt wurde, auf wesentliche Bauteile des strategischen Bombers Tu-20/Tu-95 zurück; allerdings wurde der Rumpf neu konstruiert und das Flugzeug als Tiefdecker ausgelegt. So entstand ein schnelles Großflugzeug für 220 Passagiere, dessen Geschwindigkeit nur wenig unter den Reisegeschwindigkeiten der strahlgetriebenen Comet oder Caravelle lag, sie war schließlich **das einzige mit Propellerturbinen angetriebene Flugzeug mit gepfeilten Tragflächen**. Der Erstflug fand am 15.11.1957 statt.

Am 28.6.1959 flog die Tu-114 in 11 Stunden und 6 Minuten von Moskau nach New York.

Eingesetzt wurde die Maschine auf den ultralangen Inlandsstrecken (etwa in den Fernen Osten) oder bei Transatlantikflügen nach Havanna.

Insgesamt stellte die Tu-114, von der nur 36 Exemplare (davon 32 Serienmaschinen Tu-114B) gebaut wurden, **mehr als 30 Höhen- und Geschwindigkeitsrekorde** auf. 1975 wurden die letzten Maschinen aus dem Liniendienst genommen. Sie wurden durch die vierstrahlige Iljuschin Il-62 M ersetzt.

Die Tu-114 war zu ihrer Zeit das größte Passagierflugzeug der Welt.

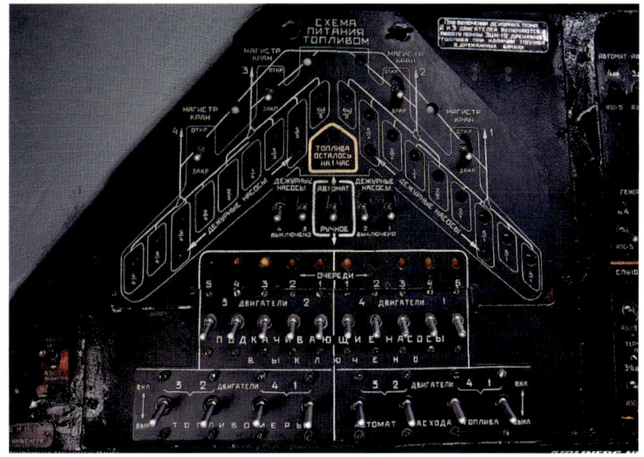

Teil der Instrumentierung des Cockpits der Tu-114

Modell:	*Tupolew Tu-114*
Herkunftsland:	*UdSSR*
Spannweite:	*51,10 m*
Länge:	*54,10 m*
Antrieb:	*vier Propellerturbinen NK 12 mit je 10.880 kW auf gegenläufige Doppelpropeller wirkend*
Höchstgeschwindigkeit:	*870 km/h*
Reichweite:	*10.000 km*
Gipfelhöhe:	*12.000 m*

Antonow An-2

Als Oleg Antonow am Ende des Zweiten Weltkriegs das „Landwirtschaftsflugzeug Nr. 1“ entwarf, dürfte er nicht geahnt haben, dass er damit **eines der erfolgreichsten Flugzeuge der Luftfahrtgeschichte** schuf. Die Antonow An-2 ist das Arbeitspferd der zivilen, militärischen und allgemeinen Luftfahrt. **Mit ca. 23.000 Einheiten ist es das wahrscheinlich meistgebaute Flugzeugmuster der Welt.** Aber eigentlich erst nach dem Erstflug am 31.8.1947 entdeckte man nach und nach die Vielseitigkeit dieser Maschine. Im Grunde gibt es keine Anwendungsmöglichkeit, in der sie sich nicht bewährt hat: beim Landwirtschaftsflug wie beim Passagiertransport (Kabine für 12 Passagiere), als Verbindungs- und Sanitätsflugzeug (sechs Krankentragen), als fliegende Relaisstation, als Absetzer für acht bis zehn Fallschirmspringer, für die Wetterbeobachtung, den Frachttransport (bis 1500 kg Zuladung) und als Luftbildflugzeug. Aufgrund der robusten Bauart kann es auch auf unvorbereiteten Plätzen operieren; auch Versionen mit Schwimmern wurden gebaut und bei der Marine als Wasserbomber eingesetzt.

Die An-2 ist eines der letzten einmotorigen Verkehrsflugzeuge, die nach dem Zweiten Weltkrieg entstanden, und ist **einer der letzten aktiven Doppeldecker** – allein schon seine lange Einsatzzeit von mehr als 60 Jahren ist rekordverdächtig. Noch heute sind diese Maschinen für Rundflüge auf Flugschauen überaus beliebt.

Eines der vielseitigsten jemals gebauten Flugzeuge: die An-2

Blick in die Kabine einer An-2 während eines Rundflugs

Modell:	*Antonow An-2*
Herkunftsland:	*UdSSR*
Spannweite:	*18,20 m (oben)/14,25 m (unten)*
Länge:	*12,40 m*
Antrieb:	*ein Schwezow ASch.62M 9-Zylinder-Sternmotor mit 735 kW*
Höchstgeschwindigkeit:	*258 km/h*
Reichweite:	*1000 km*
Gipfelhöhe:	*4400 m*

Iljuschin Il-18

Die Iljuschin Il-18, die am 4.7.1957 ihren Erstflug absolvierte, wurde im Westen gelegentlich die „russische Britannia" genannt. Diese Bezeichnung spielt auf einige äußerliche Ähnlichkeiten zur britischen Turboprop-Maschine von Bristol an, greift aber hinsichtlich der Flugleistungen und der Einsatzdauer zu kurz. Noch vor der offiziellen Indienststellung im April 1959 wurde die Maschine einer intensiven Testphase unterworfen, während der bereits mehrere Nutzlast/Reichweiten-Weltrekorde erzielt wurden. So erreichte Cheftestpilot Kokkinaki **Höhenweltrekorde mit 10.000, 15.000 und 20.000 kg Nutzlast**. Bis in die späten Sechzigerjahre machte **die Il-18 immer wieder durch Rekordleistungen in der Klasse der Turboprop-Flugzeuge** auf sich aufmerksam.

Im Dienst bewährte sich die Il-18 als Rückgrat der Mittel- und Langstreckenflotte der Aeroflot und der Fluggesellschaften der anderen sozialistischen Länder. Während der Produktionszeit wuchs die Passagierkapazität. Hatte die Il-18 ursprünglich 75 Sitzplätze, wurde die Version Il-18B mit 84 Sitzplätzen ausgeliefert. Die am dichtesten bestuhlte Version Il-18C bot 122 Passagieren Platz. Auch nachdem die Il-18 durch die strahlgetriebene Il-62 im Liniendienst abgelöst worden war, bewährte sie sich noch bis in die Achtzigerjahre im Bedarfsluftverkehr. Insgesamt wurden ca. 600 Maschinen gebaut, von denen einige noch heute im Einsatz sind.

Die Il-18 war das Standardflugzeug für Mittel- und Langstrecken im Ostblock.

Im Cockpit der Il-18

Modell:	*Iljuschin Il-18 D*
Herkunftsland:	*UdSSR*
Spannweite:	*37,50 m*
Länge:	*40,00 m*
Antrieb:	*vier Propellerturbinen AI-20M mit je 3125 kW*
Höchstgeschwindigkeit:	*670 km/h*
Reichweite:	*4270 km*
Gipfelhöhe:	*8650 m*

Tupolew Tu-104

Das strahlgetriebene Verkehrsflugzeug Tupolew Tu-104 war ziemlich direkt aus dem Mittelstreckenbomber Tupolew Tu-16 abgeleitet worden. Eine kleine Vorserie (Tu-104G) war sogar direkt durch die Verwendung und den Umbau fast fertig gestellter Bomber entstanden.

Die ersten dieser Maschinen mit 50 Passagierplätzen wurden am 15.9.1956 in Dienst gestellt.

Die Tupolew Tu-104 erhob sich nach der De Haviland DH.106 Comet als zweites **strahlgetriebenes Verkehrsflugzeug** am 17.6.1955 zum ersten Mal in die Luft.

Da die Comets aber nach einer spektakulären Unfallserie für längere Zeit am Boden bleiben und überarbeitet werden mussten, war die Tupolew eigentlich **die erste Passagiermaschine, die sich in der Praxis des alltäglichen Luftverkehrs tatsächlich bewährte**.

Modell:	*Tupolew Tu-104B*
Herkunftsland:	*UdSSR*
Spannweite:	*34,54 m*
Länge:	*40,10 m*
Antrieb:	*zwei Strahltriebwerke Mikulin AM-3M-500 mit je 93,1 kN Schub*
Höchstgeschwindigkeit:	*950 km/h*
Reichweite:	*3100 km*
Gipfelhöhe:	*1500 m*

Die Triebwerke der Tupolew Tu-104 befanden sich, ähnlich wie bei der Comet, direkt an der Tragflächenwurzel.

Für die Weiterentwicklung der Version Tupolew Tu-104A wurde 1957 die Druckkabine vergrößert, die Platzkapazität auf 70 Sitze erweitert und der Sitzkomfort verbessert. Bei der Version Tupolew Tu-104B, die ab 1958 produziert wurde, verlängerte Tupolew die vordere Rumpfsektion um 1,27 m; so konnten bei engerer Bestuhlung und weniger Komfort 100 bis 104 Passagiere befördert werden.

Eine vierstrahlige Version – mit je zwei Triebwerkspaaren an den Flügelwurzeln – wurde als Tupolew Tu-110 entwickelt, ging aber niemals in Serie; lediglich zwei Prototypen mit verlängertem Rumpf und vergrößerter Spannweite wurden gebaut. Für den Verkehr auf Kurz- und Mittelstrecken wurde aus der Tu-104 später die Tu-124 abgeleitet.

Die Tu-104 war das erste strahlgetriebene Verkehrsflugzeug, das sich im Liniendienst bewährte.

De Havilland DH.106 „Comet"

Die Firma De Havilland war in Großbritannien die Vorreiterin beim Bau strahlgetriebener Flugzeuge. Der Gründer der Firma war Geoffrey de Havilland, einer der berühmtesten Flugzeugkonstrukteure Englands, der bereits während des Zweiten Weltkriegs mit einem Team von erfahrenen Ingenieuren mit der Entwicklung und Konstruktuion der Comet begann.

Geoffrey de Havilland war Mitglied der 1943 gegründeten englischen Brabazon-Kommission, die sich bereits zu diesem Zeitpunkt mit der Zukunftsplanung der britischen Luftfahrt nach dem Zweiten Weltkrieg befasste. Ende 1945 lagen schon die ersten Pläne für das erste Düsenverkehrsflugzeug vor und **im Juli 1949 hob erstmals ein Prototyp der Comet vom Boden ab.**

Am 2.5.1952 nahm die Comet dann als erstes strahlgetriebenes Verkehrsflugzeug den Liniendienst auf.

Modell:	*De Havilland DH.106 Comet 4C*
Herkunftsland:	*Großbritannien*
Spannweite:	*35,97 m*
Länge:	*34,98 m*
Antrieb:	*4 Rolls-Royce Avon 525 B mit je 46,7 kN Schub*
Reisegeschwindigkeit:	*805 km/h*
Reichweite:	*6900 km*
Gipfelhöhe:	*11.900 m*

Eine Unfallserie in den Jahren 1952–1954 zwang zum Grounding der gesamten Flotte und zur gründlichen Überarbeitung des Flugzeugs. Als Unfallursache konnten nach langen Ermittlungen Strukturprobleme im Bereich der Fenster ausgemacht werden. Seither gehören gerundete Fenster im Flugzeugbau zum Standard.

Als Comet 4 für 60–81 Passagiere erschien 1958 die neue Comet und als Comet 4B ein Jahr später die Mittelstreckenversion für 72–100 Passagiere. Zu dieser Zeit hatten die großen amerikanischen Hersteller den Markt für strahlgetriebene Großflugzeuge bereits besetzt, so dass der neuen Comet kein kommerzieller Erfolg mehr beschieden war.

Im Zivildienst blieb die Comet bis in die Siebzigerjahre, in der militärischen Version als Seeaufklärer Nimrod war ihr ein wesentlich längeres „Nachleben" vergönnt.

Die De Havilland DH.106 Comet war das erste strahlgetriebe Verkehrsflugzeug der Welt.

Boeing 707

Mit der berühmten 707 baute Boeing **das erste strahlgetriebene Verkehrsflugzeug in den USA**. Der Prototyp unter der Bezeichnung 367-80 flog erstmals am 15.7.1954; das erste Serienmodell der Langstreckenversion 404-120 hatte seinen Jungfernflug am 20.12.1957. Damit begann eine lange Erfolgsgeschichte dieses Typs, der zu den **am weitesten verbreiteten Langstreckenflugzeugen der Luftfahrtgeschichte** gehört. Eine Mittelstreckenversion (Werksbezeichnung 707-020, bekannt als Boeing 720) folgte im Jahr 1959, auch weitere Verbesserungen der Langstreckenversion ließen nicht lange auf sich warten. Insgesamt wurden von 1958 bis 1984 834 zivile Maschinen dieses Typs gefertigt; dazu kamen aber auch zahlreiche Militärmaschinen. Schließlich war der Großauftrag der USAF für Tankflugzeuge (KC-135) die finanzielle Basis für die Entwicklung des Passagierjets.

Als freitragender Tiefdecker mit Doppelspaltklappen, Spoiler und Nasenklappen und einem konventionellen Leitwerk hatte der vierstrahlige Jet ein nachgerade klassisches Aussehen. **Sein Design prägte das Bild vom strahlgetriebenen Luftverkehr nachhaltig.** Seit dem 26.10.1958 flog die 707 für die PanAm im Liniendienst auf der Strecke New York–Paris. Die Reisezeiten auf den wirtschaftlich entscheidenden Nordatlantikrouten verkürzten sich drastisch; alle anderen Fluggesellschaften sahen sich gezwungen, diese Strecken ebenfalls mit Düsenflugzeugen zu bedienen. Nicht nur als „Air Force One" diente die 707 von 1959 bis 1987, ausgemusterte Exemplare werden auch gern als Privatjet genutzt – so fliegt John Travolta eine ehemalige Qantas-707. Für lange Mittelstrecken wurde die Boeing 720 aus dem Grundtyp 707 abgeleitet.

Eine Boeing 707 der Qantas

Blick in das Cockpit der 707

Modell:	Boeing 707-320 B
Herkunftsland:	USA
Spannweite:	40,40 m
Länge:	45,60 m
Antrieb:	vier Pratt & Whitney JT3D-3 mit je 80,1 kN Schub
Höchstgeschwindigkeit:	960 km/h
Reichweite:	8690 km
Gipfelhöhe:	11.000 m

Douglas DC-8

Der Boeing-Konkurrent Douglas (fusionierte 1967 mit McDonnell) entwickelte seit 1954 ebenfalls einen vierstrahligen Jet, der im Design und in manchen konstruktiven Details dem Projekt Boeings stark ähnelte. Im Oktober 1955 bestellte die PanAm die ersten 20 Maschinen. Am 30.05.1958 flog die DC-8-10 zum ersten Mal.

Die DC-8 war als Passagierjet kommerziell außerordentlich erfolgreich, auch wenn die Verkaufszahlen, namentlich in den späteren Sechzigerjahren, hinter denen des Konkurrenten Boeing zurückblieben. Zwar blieb dem Projekt eine militärische Auswertung weitgehend versagt, jedoch wurden in den Achtzigerjahren noch zahlreiche Maschinen mit neuen Mantelstromtriebwerken versehen und zu Frachtmaschinen umgewidmet.

Bereits Mitte der Sechzigerjahre hatte sich der Hersteller zu einem Relaunch entschlossen und drei neue Versionen der DC-8 aufgelegt, die DC-8-61, -62 und -63, die werbewirksam als „Super Sixty" präsentiert wurden. **Die Version -62 war als erstes Düsenflugzeug in der Lage, die Distanz zwischen Ost- und Westküste der USA mit 18 Tonnen Nutzlast im Nonstopflug zu überwinden.** Die schwerste Super Sixty, die DC-8-63 (mit einer maximalen Startmasse von 158.760 kg), konnte bis zu 259 Passagiere befördern und stieß damit in die Dimensionen der Großraumflugzeuge vor.

Die DC-8 durchbrach am 21.8.1961 als erstes Passagierflugzeug im Sinkflug die Schallmauer und erreichte mit Mach 1,0124 Überschallgeschwindigkeit, eine Fähigkeit, die im zivilen Flugdienst selbstverständlich nicht genutzt wurde.

Blick ins Triebwerk der DC-8

Die DC-8 startet vom Flughafen San José in Costa Rica.

Modell:	Douglas DC-8 Serie 50
Herkunftsland:	USA
Spannweite:	43,40 m
Länge:	45,87 m
Antrieb:	vier Pratt & Whitney JT8D-1 mit je 75,7 kN Schub
Reisegeschwindigkeit:	932 km/h
Reichweite:	11.100 km

Convair CV 990 „Coronado"

Große Hoffnungen setzte der dritte große amerikanische Hersteller, Convair, in seine Modelle 880 und 990. Mit der CV 880 stellte Convair 1959 den **schnellsten und zugleich lautesten Passagierjet der Unterschall-Ära** vor. Mit 1000 km/h Reisegeschwindigkeit waren die Convair-Jets rund 130 km/h schneller unterwegs als heute die Jumbojets Boeing 747. Als Verkaufsargument gegenüber den Fluggesellschaften schlug das aber nicht durch: Wegen des schlanken Rumpfes ließen sich die Sitze nur in Fünferreihen einbauen; die Kapazität lag bei 88 bis 100 Passagieren, was die Wirtschaftlichkeit des Typs stark einschränkte. Schnell versuchte man sich bei Convair an einer Weiterentwicklung, die bereits im Januar 1961 als Convair CV 990 herauskam. Der Rumpf war um 3,04 m verlängert, das Flügelprofil verändert und vier Verdrängungskörper zur Verbesserung der Strömungsverhältnisse waren an den Flügelhinterkanten angebracht worden. Doch auch diese Verbesserungen – die Passagierkapazität stieg auf 106–131 Plätze – konnten die Fluggesellschaften nicht überzeugen.

Schließlich blieben nur Aufträge für den Bau von 36 Einheiten. Mit den lediglich 65 Maschinen der Baureihe 880 ergab sich ein finanzieller Verlust aus Entwicklung und Produktion der CV 880/990 von 424 Mio. Dollar, was nach heutigem Geldwert wohl mehreren Milliarden entspräche. **Das war der bis dahin größte Verlust, den ein Flugzeughersteller an einem einzelnen Projekt erlitt**, ohne in Konkurs zu gehen. Einige Coronados flogen in der Schweiz und für eine spanische Chartergesellschaft.

Nobelausstattung in der Ersten Klasse der CV 990

Im Cockpit der CV 990

Der Kabinendurchmesser der CV 990 gab Platz für nur fünfsitzige Reihen.

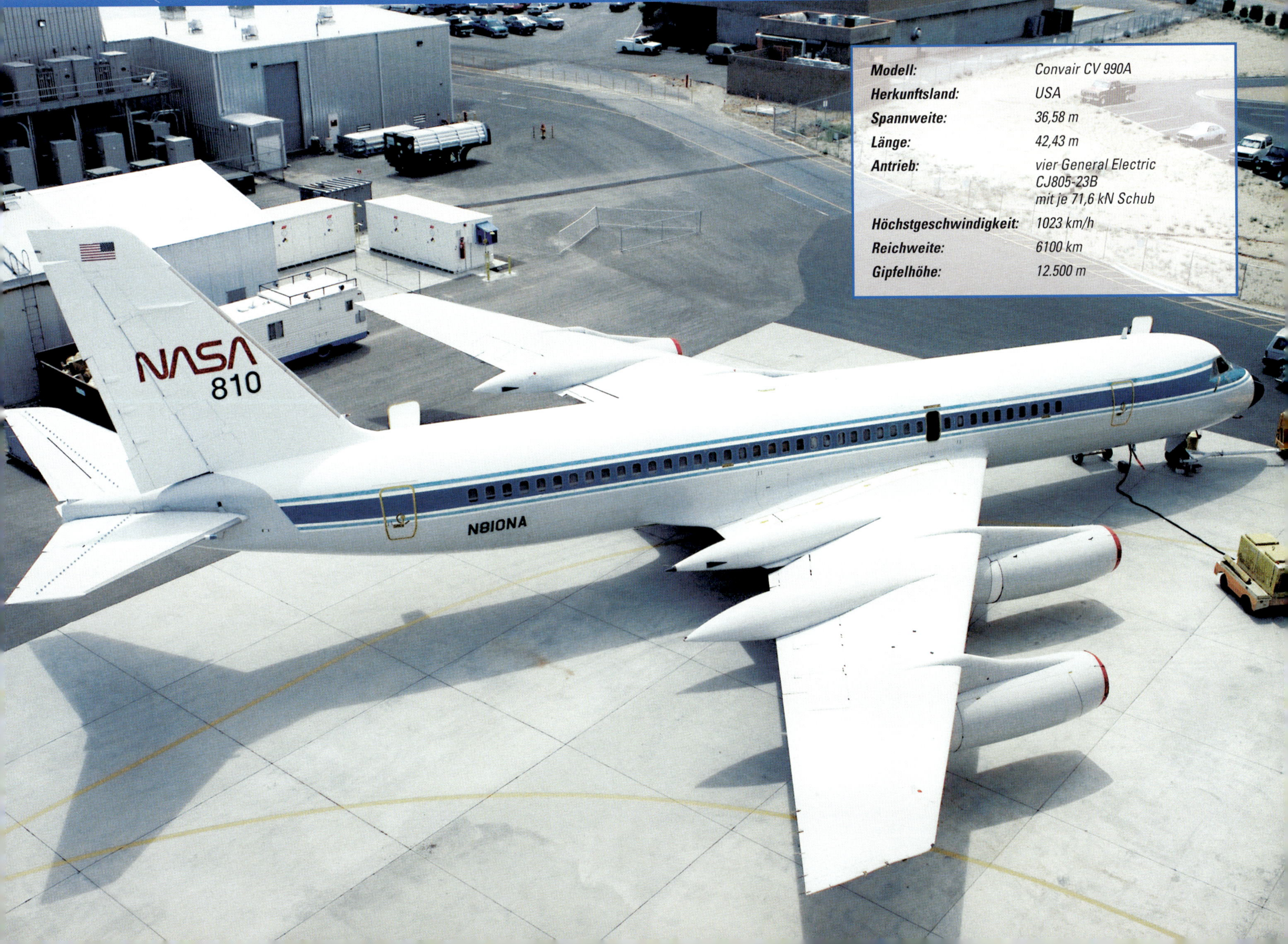

Modell:	Convair CV 990A
Herkunftsland:	USA
Spannweite:	36,58 m
Länge:	42,43 m
Antrieb:	vier General Electric CJ805-23B mit je 71,6 kN Schub
Höchstgeschwindigkeit:	1023 km/h
Reichweite:	6100 km
Gipfelhöhe:	12.500 m

Sud Aviation SE 210 Caravelle

Als am 27.5.1955 der erste Prototyp der Caravelle die Flugerprobung aufnahm, startete damit ein Verkehrsflugzeug, das sich deutlich von allen bisher genutzten Typen unterschied. **Neu und auffallend war die Triebwerksanordnung am Rumpfheck;** statt der ursprünglich vorgesehenen drei Atar-Triebwerke aus französischer Produktion waren schließlich zwei leistungsstärkere Rolls-Royce-Aggregate verwendet worden. Diese Konfiguration erlaubte die Konstruktion eines sauberen Flügels mit mäßiger Pfeilung. **Selbst bei Ausfall eines der beiden Triebwerke blieb die Caravelle in stabiler Fluglage und konnte noch starten und landen.**

Seit 1951 wurde die Entwicklung der Caravelle von der französischen Regierung gefördert. Die Franzosen waren auf ihre luftfahrttechnische Pionierleistung zu Recht sehr stolz, bewiesen sie doch mit der Caravelle, dass sich strahlgetriebene Flugzeuge auch auf Mittel- und Kurzstrecken wirtschaftlich betreiben ließen. Überall, wo die Caravelle auftauchte, war sie – besonders in den frühen Sechzigerjahren – **wegen ihres gelungenen Designs ein Eyecatcher**.

Der US-amerikanische Flugzeugbauer Douglas erwog den Lizenzbau der Caravelle, um ein Konkurrenzprodukt zur Boeing 727 anbieten zu können.

Während der Bauzeit (bis 1973) wurde die Caravelle mehrfach weiterentwickelt, zuletzt 1964 zur Super-Caravelle mit verlängertem Rumpf für 68–106 Passagiere und 1970 zur Caravelle 12 mit weiter verlängertem Rumpf mit bis zu 140 Plätzen.

Trotz ihres hohen Ansehens wurden insgesamt nur 280 Einheiten dieses eleganten Flugzeugs hergestellt; finanziell dürfte das Projekt 210 für den Hersteller kein großer Erfolg gewesen sein.

Hier die SE 210 im Größenvergleich zu einem Jumbojet

Die Sud Aviation SE 210 im Flugbild von unten

Modell:	Sud Aviation SE 210 Caravelle III
Herkunftsland:	Frankreich
Spannweite:	34,30 m
Länge:	32,01 m
Antrieb:	zwei Rolls-Royce Avon Mk 527 mit je 53 kN Schub
Höchstgeschwindigkeit:	845 km/h
Reichweite:	2500 km
Gipfelhöhe:	9150 m

Boeing 747

Der Luftverkehr mit strahlgetriebenen Flugzeugen hatte sich kaum richtig etabliert, da machte man sich 1963 bei Boeing an die Entwicklung eines **Großraumflugzeugs ganz neuer Dimension**.

Die Boeing 747 – konzipiert als Mittel- und Langstreckenflugzeug für maximal 500 Passagiere – war **das Größte und Schwerste, was die Verkehrsluftfahrt zu dieser Zeit zu bieten hatte** und bekam nicht von ungefähr den Beinamen Jumbojet. Am 9.2.1969 hob der Riesenvogel zu seinem Erstflug ab, am 22.1.1970 wurde die 747-100 offiziell in Dienst gestellt.

Zwanzig Jahre später, am 24.5.1990, wurde der 1000. Jumbojet ausgeliefert, Ende 2007 waren es bereits 1400.

Charakteristisch für den Jumbo war der Buckel am Rumpfbug, der am Anfang kaum mehr als die Pilotenkanzel sowie die Arbeits- und Aufenthaltsräume für die Kabinencrew enthielt. Nach und nach wurde der Buckel erweitert und zu einem zweiten Passagierdeck ausgebaut, der das vordere Drittel des Rumpfes einnimmt.

Nach der Produktionseinstellung der Langstreckenversion 747-400 im Jahr 2005 (seit 1988 im Liniendienst) suchte Boeing mit der Version 747-8 der Konkurrenz durch den Airbus A380 standzuhalten. Dabei kamen den Amerikanern die erheblichen Terminverzögerungen bei Airbus entgegen. Nach anfänglicher Zurückhaltung gegenüber der neuen Version griffen die Kunden auf den neuesten Jumbo zurück. 2006 orderte die Deutsche Lufthansa 20 Maschinen und gab eine Option für 20 weitere ab.

Die Cockpit-Crew der 747 bei der Arbeit

Die Großraumkabine der 747

Modell:	Boeing 747-200B
Herkunftsland:	USA
Spannweite:	59,63 m
Länge:	70,66 m
Antrieb:	vier Pratt & Whitney JT9D7R4G2 mit je 243,5 kN Schub
Höchstgeschwindigkeit:	981 km/h
Reichweite:	12.780 km
Gipfelhöhe:	10.975 m

Airbus A380

Das europäische Firmenkonsortium Airbus Industries ist – abgesehen von den russischen Flugzeugbauern Iljuschin und Tupolew – der einzige Hersteller von Großraumflugzeugen neben dem amerikanischen Luftfahrtgiganten Boeing. Seit 1972 produziert und verkauft Airbus erfolgreich Großraumflugzeuge; seinen größten Coup landete Airbus mit dem A380, der am 27.4.2005 seinen Erstflug absolvierte; **er löste den Jumbojet als größtes Verkehrsflugzeug der Welt ab**.

Charakteristisch an der Konstruktion ist der ovale Rumpfquerschnitt, der den Einbau von zwei durchgehenden Passagierdecks mit jeweils zwei Mittelgängen erlaubt.

Doch nicht nur die pure Größe und Sitzplatzkapazität (in der Version A380-800 für maximal 853 Passagiere) war ein entscheidendes Verkaufsargument; **der A380 sollte sich auch mit günstigeren Betriebskosten als jedes andere Großraumflugzeug betreiben lassen**. Das war nur mit einer erheblichen Gewichtsreduzierung zu erreichen, die dank Einsatzes modernster Technologien und Werkstoffe zustande kam.

Der A380-800 wird von vier Triebwerken Rolls-Royce Trent 970 (mit je 311 kN Schub) oder wahlweise von der Engine Alliance General Electric/Pratt & Whitney angetrieben; den größten Triebwerken, die je für ein Verkehrsflugzeug gefertigt wurden. Sie arbeiten – wie man sich bereits auf Flugschauen überzeugen konnte – erstaunlich leise. Nur die inneren Triebwerke sind mit einer Schubumkehr ausgestattet; so kann der A 380 auch auf schmaleren Pisten landen, ohne mit den äußeren Triebwerken Schmutz aufzuwirbeln und Beschädigungen zu riskieren.

Rollout des Airbus A380

Der A380 in der Bemalung der Deutschen Lufthansa

Der erste Airbus A380 im Linienverkehr war eine Maschine der Singapore Airlines, die am 25.10.2007 den Dienst aufnahm und damit eine neue Ära der zivilen Luftfahrt einläutete.

Modell:	Airbus A380-800
Herkunftsland:	EU/Frankreich/Deutschland
Spannweite:	79,80 m
Länge:	72,75 m
Antrieb:	vier Rolls-Royce Trent 970 mit je 311 kN Schub
Höchstgeschwindigkeit:	910 km/h
Reichweite:	14.800 km
Gipfelhöhe:	13.100 m

Aérospatiale-BAC Concorde 101/102

In den Sechzigerjahren entwickelten die Firmen Boeing in den USA, Tupolew in der UdSSR und das französisch-britische Consortium Aérospatiale-BAC fast zeitgleich Projekte für Überschall-Passagierflugzeuge. Während das Boeing-Projekt bereits in der Planungsphase abgebrochen wurde, konnten die sowjetischen und westeuropäischen Überschallträume zu Flugzeugen reifen.

Die Concorde erlebte ihren Erstflug am 2.3.1969 (die französische 001) und am 9.4.1969 (die britische 002).

Zwar bekam man zunächst 77 Aufträge zusammen, doch im Gefolge der Ölkrise und drastischen Treibstoffverteuerung verloren die Fluggesellschaften das Interesse an den nun unwirtschaftlichen Jets. Auch das wachsende Umweltbewusstsein trug dazu bei, dass man die Supersonic-Flüge wegen des hohen Kerosinverbrauchs und der Lärmbelastung zunehmend kritischer sah. Die Bestellungen wurden storniert, nur die Air France und die British Airways mussten aus politischen Gründen je acht Maschinen abnehmen. Die Produktion wurde nach zwei Prototypen, zwei Vorserienmodellen und 16 Serienmaschinen 1979 eingestellt.

Vom 15. bis 17.8.1995 trug sich eine Concorde mit dem schnellsten Flug um die Welt (in 31 Stunden, 27 Minuten und 49 Sekunden, inkl. Zwischenlandungen) in die Rekordlisten ein. Am 7.2.1996 markierte eine britische Concorde die Rekordmarke für die schnellste Atlantiküberquerung in der zivilen Luftfahrtgeschichte (New York–London in 2 Stunden, 52 Minuten und 59 Sekunden).

Nach dem Absturz einer französischen Concorde am 25.7.2000 bei Paris mussten alle Maschinen aufwendig nachgerüstet werden. Insbesondere mussten die Treibstofftanks, deren Bersten infolge von Schockwellen nach dem Einschlag eines Metallteils den Unfall ausgelöst hatte nachgebessert werden. Das läutete das Ende der kommerziellen Supersonic-Flüge ein; denn obgleich der Linienverkehr im November 2001 von Air France und British Airways wieder aufgenommen wurde, fand am 24.10.2003 der letzte Linienflug einer Concorde statt.

Mit der Concorde konnte man beim Transatlantikflug von Ost nach West die Zeit überholen.

Im Technikmuseum im württembergischen Sinsheim ist eine Concorde zu besichtigen.

Modell:	*Aérospatiale-BAC Concorde 101/102*
Herkunftsland:	*Frankreich/Großbritannien*
Spannweite:	*25,50 m*
Länge:	*62,10 m*
Antrieb:	*vier Rolls-Royce/SNECMA Olympus 593 mit je 156,4 kN Schub*
Höchstgeschwindigkeit:	*2336 km/h*
Reichweite:	*6200 km*
Gipfelhöhe:	*18.000 m*

Tupolew Tu-144

Fast gleichzeitig mit der französisch-britischen Concorde entwickelte in der Sowjetunion das Konstruktionsbüro Tupolew die Tu-144. Mit dem Erstflug am 31.12.1968 kommt der Tu-144 die Ehre zu, **als erster Überschall-Passagierjet in der Luft** gewesen zu sein.

Die Tu-144 ähnelte der Concorde auf frappierende Weise in den Grundformen des Designs und in konstruktiven Details, was aber weniger auf Industriespionage – wie in der westlichen Yellow Press gemutmaßt – als auf die Tatsache zurückzuführen war, dass die Schwierigkeit der Aufgabe fast zwangsläufig zu ähnlichen technischen und gestalterischen Lösungen führen musste.

Die Tu-144 war ein glückloses Flugzeug; **es stürzte bei der Pariser Luftfahrtshow 1973 unter mysteriösen Umständen ab.** Auslandsaufträge stellten sich danach nicht mehr ein, nur 17 Maschinen wurden insgesamt gebaut; die letzte 1981 – sie diente auch später als Testflugzeug für Komponenten der Raumfähre Buran. Im regulären Flugbetrieb konnte sich die Maschine nur 30 Monate im Fracht- und Passagierdienst auf der Route Moskau–Alma Ata bewähren, bevor ein neuerlicher Unfall ihrem Einsatz ein Ende setzte.

Das Technikmuseum im württembergischen Sinsheim stellt eine Tu-144 direkt neben der britisch-französischen Concorde aus.

Modell:	*Tupolew Tu-144*
Herkunftsland:	*UdSSR*
Spannweite:	*24,70 m*
Länge:	*55,00 m*
Antrieb:	*vier Kusnezow NK-144 Turbofans mit Nachbrenner mit je 127,5 kN Schub*
Höchstgeschwindigkeit:	*2500 km/h*
Reichweite:	*6500 km*
Gipfelhöhe:	*20.000 m*

Die Tupolew Tu-144 im Technikmuseum Sinsheim

Die Unterseite der Tu-144 mit den Turbofans

Militärische Hochleistungsflieger

Junkers Ju 87 „Stuka"

Das Flugzeug, das zu Beginn des Zweiten Weltkriegs Angst und Schrecken verbreitete und zum **Synonym für die absolute Luftüberlegenheit der deutschen Wehrmacht** wurde, war die Ju 87.

Aus der Bestimmung des Flugzeugs als „Sturzkampfbomber" leitete sich die Kurzbezeichnung Stuka ab. Stukas wurden von Goebbels' Propagandamaschinerie in Szene gesetzt, um den Menschen in Deutschland und in den besetzten Gebieten die Überlegenheit der deutschen Waffen zu suggerieren.

In unzähligen Filmbildern – in Wochenschauen und im Spielfilm – wurden über die Flügel abkippende Stukas gezeigt, der Klang der Heulsirenen, die in den Fahrwerksverkleidungen eingebaut waren, mischte sich mit der Le-Prelude-Fanfare.

Doch schon während der Luftschlacht über England erwies sich die Stuka als äußert anfällig. Die Geschwindigkeit von maximal 390 km/h und die zu schwache Abwehrbewaffnung machten die 1940 eingesetzten Modelle zu einer leichten Beute für die britischen Jäger. Stuka-Einsätze mussten fürderhin von eigenen Jagdfliegerkräften gesichert werden.

Im weiteren Kriegsverlauf wurde die Ju 87 – vor allem im Osten – häufig als „Feuerwehr" und „fliegende Artillerie" zur Bekämpfung sowjetischer Panzerdurchbrüche eingesetzt. Die eigens als Panzerjäger ausgerüstete Ju 87 G führte statt der Bomben zwei 37-mm-Kanonen als Hauptwaffe mit sich.

Zu Beginn des Zweiten Weltkriegs verbreitete die Ju 87 Stuka Angst und Schrecken bei gegnerischen Soldaten und bei der Zivilbevölkerung. Die Wirkung wurde durch die Heulsirenen verstärkt, die in den Fahrwerksverkleidungen installiert worden waren.

Flugfähige Repliken der Ju 87 Stuka sollen uns Heutigen einen Eindruck von der Beschaffenheit und der Wirkung dieser Kampfmaschinen geben.

Modell:	*Junkers Ju 87 B-2*
Herkunftsland:	*Deutschland*
Spannweite:	*13,80 m*
Länge:	*10,80 m*
Antrieb:	*ein Junkers Jumo 211-A Reihenmotor mit 746 kW*
Höchstgeschwindigkeit:	*380 km/h*
Reichweite:	*600 km*
Gipfelhöhe:	*7300 m*

Avro 683 „Lancaster"

Unter der Bezeichnung Manchester Mk III begann die Karriere der Avro 683, als Weiterentwicklung des glücklosen zweimotorigen Manchester-Bombers. Die viermotorige Avro 683 absolvierte ihren Erstflug am 9.1.1941. Nach einem Jahr intensiver Tests und Weiterentwicklungen wurde die Lancaster Anfang 1942 in Dienst gestellt. Sie wurde zum **Rückgrat der strategischen Bomberflotte der Royal Air Force** und dank ihrer großen Bombenzuladung von 6350 kg zum Träger der Luftkriegsstrategie der Flächenbombardements deutscher Städte.

3400 Einheiten der Version Mk I wurden gebaut, bei Armstrong Witworth baute man 300 Einheiten der Mk II, schließlich wurden seit 1943 3040 Einheiten der Mk III gebaut – mit Merlin-Motoren, die in den USA in Lizenz gebaut wurden. Die Weiterentwicklung der Lancaster führte zur Avro 694 Lincoln, die für den Einsatz im Zweiten Weltkrieg zu spät kam.

Die letzten Lancasters wurden 1954 ausgemustert. Ca. 30 Exemplare der Lancaster wurden für Spezialmissionen modifiziert, so etwa zum **Abwurf der fast 10 Tonnen schweren Riesenbombe „Grand Slam"** und der „springenden Bomben", mit denen Lancaster-Bomber am 17.5.1943 die Eder- und Möhnetalsperren zerstörten.

Die Masse der Lancaster wurde bei Nachtangriffen gegen Flächenziele eingesetzt. Die letzten Maschinen wurden 1946 ausgeliefert.

Die Avro 683 war eines der bedeutendsten Flugzeuge der Royal Air Force im Zweiten Weltkrieg.

Modell:	*Avro 683 „Lancaster“ B I*
Herkunftsland:	*Großbritannien*
Spannweite:	*31,00 m*
Länge:	*21,10 m*
Antrieb:	*vier Rolls-Royce Merlin Reihenmotoren mit je 1205 kW*
Höchstgeschwindigkeit:	*462 km/h*
Reichweite:	*4070 km*
Gipfelhöhe:	*7470 m*

Boeing B-29 „Superfortress“

Schon geraume Zeit vor dem Kriegseintritt der USA begannen die Vorarbeiten zu einem großen strategischen Bombenflugzeug, das die „Fliegenden Festungen“ vom Typ B-17 ergänzen und ablösen, vor allem aber übertreffen sollte.

Der erste Prototyp flog erstmals am 21.9.1942, ihren ersten Kriegseinsatz absolvierten die B-29, nun bald „Superfortress“ genannt, am 5.7.1944 gegen Ziele in Japan.

Die B-29 war für ihre Zeit ein Flugzeug der Superlative; sie trug die Hauptlast der strategischen Bombenangriffe im letzten Kriegsjahr auf dem pazifischen und japanischen Schauplatz und stellte auch jene beiden Atombombenträger, die im August 1945 Hiroshima und Nagasaki zerstörten.

Die B-29 konnte in großer Höhe operieren und war dadurch 1944/45 nur noch für wenige japanische Abfangjäger überhaupt zu erreichen.

Auch die Sowjetunion war von der Qualität der B-29 so vollständig überzeugt, dass sie einige notgelandete B-29 genauestens analysierte und als Tupolew Tu-4 nahezu detailgetreu nachbauen ließ.

Die Boeing B-29 stellte eine große Anzahl Weltrekorde für kolbenmotorgetriebene Flugzeuge auf, so Höhenweltrekorde mit 2, 5, 10 und 15 Tonnen Nutzmasse und für die größte Nutzmasse auf 2000 m Höhe und Geschwindigkeitsrekorde mit 2, 5 und 10 Tonnen Nutzmasse, die lange Zeit Bestand hatten.

Blick auf einen offen liegenden Wright R-3350-23 Sternmotor der B-29

Die letzte B-29 verließ 1946 die Montagehallen. Danach wurde der Typ noch zur B-50 „Stratofortress“ weiterentwickelt, bevor die Ära der Strahlflugzeuge begann.

Im Cockpit der B-29

Modell:	Boeing B-29 „Superfortress“
Herkunftsland:	USA
Spannweite:	43,05 m
Länge:	30,18 m
Antrieb:	vier Wright R-3350-23-Cyclone-Sternmotoren mit je 1640 kW
Höchstgeschwindigkeit:	576 km/h
Reichweite:	6600 km
Gipfelhöhe:	9700 m

Convair B-36 „Peacemaker"

Schon im April 1941 verlangten die Luftstreitkräfte der USA nach einem schweren strategischen Bomber mit einer Reichweite von 16.000 km (mit 4540 kg Bombenlast) und einer maximalen Bombenzuladung von 39.000 kg. Sollten die Britischen Inseln nämlich von den Deutschen überrannt werden, so lautete die amerikanische Überlegung, musste die USA dennoch in der Lage sein, den Luftkrieg gegen Europa von amerikanischen Stützpunkten aus zu führen. Der Erstflug des Prototyps erfolgte am 8.8.1946; das erste voll bewaffnete Serienmuster B-36 B hob am 8.7.1948 ab. **Die B-36 reihte sich nun als Atomwaffenträger in das nukleare Abschreckungspotenzial der USA ein.**

Die B-36 war in mehrerlei Beziehung ein Übergangstyp, aber auch ein Unikum. **Sie war der größte jemals von der USAF geflogene strategische Bomber**; die Flügelspannweite übertraf die der B-52 um 13,70 Meter. Bei einem Startgewicht von nahezu 186 Tonnen konnten 39 Tonnen Abwurfwaffen (Bomben, Seeminen, Raketen) mitgeführt werden. Motorisiert war die Version B-36 B mit sechs Sternmotoren, die auf Schubpropeller an den hinteren Flügelkanten wirkten. Bei der Version B-36 D (Erstflug 29.3.1949) wurden zusätzlich vier Turbojets mit je 23,14 kN Schub installiert. 22 Neubauten entstanden in dieser Ausstattung und es wurden 36 der 73 B-36 B mit Strahltriebwerken nachgerüstet.

Ab 1952 wurden noch einmal in größerem Umfang Versionen als Fernaufklärer gebaut, während die Boeing B-52 die Bomberversion der Convair B-36 seit 1956 durchgehend ablöste.

1954 wurden 12 Maschinen zur Version GRB-36 F umgebaut; diese Flugzeuge konnten einen "Parasitjäger" (im Bild auf Seite 71 eine North American Sabre) ins Einsatzgebiet tragen, ausklinken und nach dem einsatz auch wieder aufnehmen.

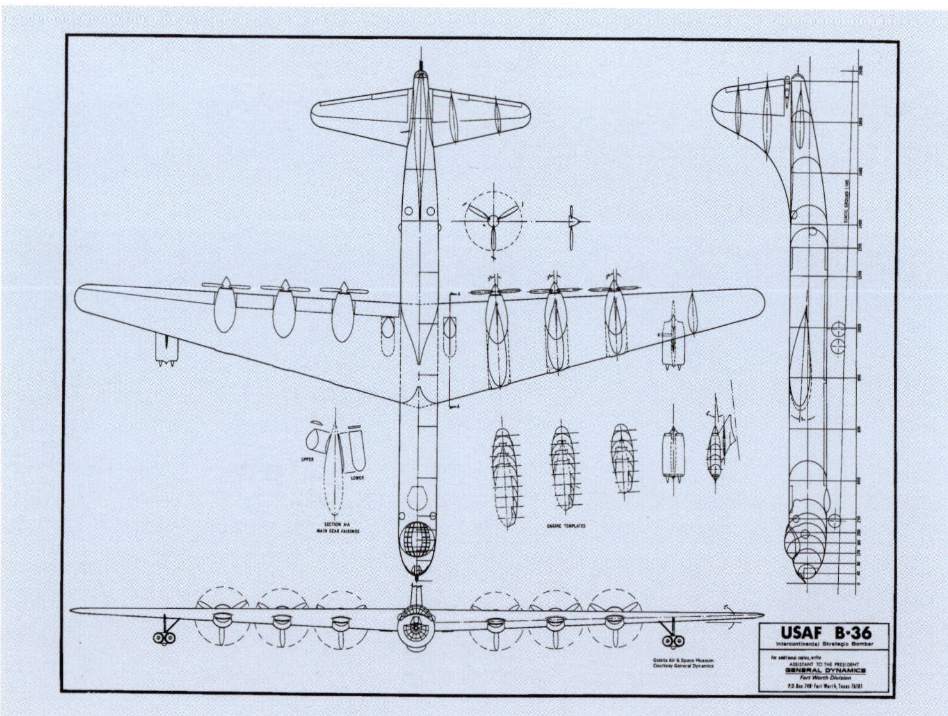

Risszeichnung der Convair B-36

Der Prototyp XB-36 mit sechs Kolbenmotoren, die Schubpropeller antreiben – und noch ohne die später an den Außenflügeln installierten zusätzlichen Strahltriebwerke.

Modell:	Convair B-36 J „Peacemaker"
Herkunftsland:	USA
Spannweite:	70,10 m
Länge:	49,40 m
Antrieb:	sechs Pratt & Whitney R-4360-53 Sternmotoren mit je 2833 kW, vier General Electric J47-GE-19 mit je 23,13 kN Standschub
Höchstgeschwindigkeit:	660 km/h
Reichweite:	10.880 km
Gipfelhöhe:	12.160 m

Boeing B-52

Das bekannteste strategische Bombenflugzeug der USAF ist zugleich die langlebigste Konstruktion, die bei einer großen Militärmacht zum Einsatz kam. Der erste der beiden Prototypen flog erstmals am 2.10.1952. Anfangs sah man einen Bomber mit sechs, später vier Turboproptriebwerken vor; Strahltriebwerke hielt man wegen ihres großen Treibstoffverbrauchs für Langstreckenbomber noch nicht für angebracht. Doch die Entwicklung schritt so schnell voran, dass schließlich doch Strahltriebwerke verwendet wurden.

Den ersten Vorserienflugzeugen von 1954 folgte schon 1955 eine Weiterentwicklung, die auch zur Luftbilderkundung eingesetzt werden konnte. Mit der B-52 D ging schließlich die Langstreckenversion in Serie (170 Flugzeuge gebaut), die am 4.6.1956 ihren Erstflug erlebte. 1958 und 1961 kamen die Versionen G und H (mit Turbofan-Triebwerken) heraus. Seit 1972 unterzog man die B-52 einem Modernisierungsprogramm, machte sie u. a. zum Abwurf von Lenkwaffen tauglich und baute elektronische Zielsuchsysteme ein. Ab 1980 wurden abermals die Avionik und die Waffensysteme erneuert; **bis 1985 war die B-52 das einzige Flugzeug, von dem aus Marschflugkörper gestartet werden konnten.**

Die B-52 war während ihrer Einsatzzeit an zahlreichen Kriegseinsätzen – Vietnam, Afghanistan, Irak – beteiligt. Von den 744 insgesamt gebauten Maschinen hielt die USAF 2006 noch 94 Maschinen (Baureihe H) im aktiven Dienst, wovon allerdings weniger als die Hälfte ständig einsatzklar gehalten werden.

Blick ins Cockpit der B-52

Eine B-52, die von der NASA zu Forschungszwecken genutzt wird.

Modell:	Boeing B-52 G
Herkunftsland:	USA
Spannweite:	56,39 m
Länge:	48,03 m
Antrieb:	acht Pratt & Whitney J57-P43W mit je 49,82 kN Standschub
Höchstgeschwindigkeit:	952 km/h
Reichweite:	über 12.000 km
Gipfelhöhe:	ca. 16.000 m

Lockheed F-117 Nighthawk

Fast anderthalb Jahrzehnte lang war die F-117 eines der bestgehüteten Militärgeheimnisse der USA. 1976 wurde der Entwicklungsauftrag erteilt, 1983 waren die Maschinen einsatzklar, 1989 hatten sie über Panama ihren ersten Kampfeinsatz, aber erst während des Golfkriegs von 1991 bekam die Öffentlichkeit sie zu Gesicht. Sogar die Eingruppierung des Bombers unter die „Fighter" zielt auf Täuschung – auf die Eigenschaften eines Jagdflugzeuges wurde beim Entwurf keinen Wert gelegt. Die Höchstgeschwindigkeit ist mit 1040 km/h auch eher gemäßigt.

Die wichtigste Kampfeigenschaft der F-117 ist ihre „Unsichtbarkeit". Alle Flächen sind so angeordnet, dass sie in normaler Fluglage kein direktes Radarecho zurückwerfen. Außerdem wurde die Außenhaut mit einer absorbierenden Schicht beplankt, die in Handarbeit gefertigt ist. Diese verschiedenen Maßnahmen führten zu einer effektiven Minimierung der Radarsignatur (soll der einer Hummel entsprechen), doch können bestimmte Radar-Konstellationen dennoch zu einer „Aufdeckung" der Stealth-Eigenschaften führen, wie der Abschuss einer F-117 über Jugoslawien 1999 nach Ortung durch einen eher primitiven Bodenradar bewies.

Weil die F-117 jahrelang nur nachts aktiv waren – und natürlich wegen ihres Aussehens und der schwarzen Stealth-Beschichtung – , gaben Ingenieure der F-117 den wenig schmeichelhaften Spitznamen „Cockroache" (Kakerlake). Manche halten den Jet für das hässlichste jemals gebaute Militärflugzeug.

F-117 im Formationsflug

Trotz Kennzeichnung mit dem „F" für die Jäger ist sie ein Bomber: Die F-117 muss nicht besonders schnell sein, um ihren Gegnern zu entkommen; sie macht sich stattdessen unsichtbar.

Modell:	Lockheed F-117 A
Herkunftsland:	USA
Spannweite:	13,20 m
Länge:	20,09 m
Antrieb:	zwei Turbofans General Electric F404-GE-F1D2 mit je 48,08 kN Schub
Höchstgeschwindigkeit:	1040 km/h
Reichweite:	2110 km
Gipfelhöhe:	15.560 m

Rockwell B-1 B „Lancer"

Das Bemerkenswerteste an der Rockwell B-1 ist ihre überaus lange Entwicklungszeit. Wie nicht anders zu erwarten, änderte sich während der Entwicklung das Konzept des Flugzeugs.

Die Entwicklungsgeschichte begann in den späten Sechzigerjahren, als wieder einmal ein Nachfolgemuster für die B-52 gesucht wurde. Die ersten Entwicklungsmuster der B-1 flogen bereis 1974. Damals war das Flugzeug noch als tiefflugfähiger Atombomber ausgelegt, der schneller als Mach 2 fliegen sollte. In der Tat erreichte ein Prototyp des B-1 A 1978 Mach 2,2. Doch Mitte 1977 war das B-1-Projekt bereits offiziell gestoppt worden.

Als die Air Force ab 1980 abermals einen Ersatz für die B-52 suchte, wurde die Entwicklung bei Rockwell wieder aufgenommen. Jetzt wurde die Maschine zu einem relativ langsam fliegenden Langstreckenbomber für Präzisionsangriffe umgerüstet und moderne Avionik sowie Stealth-Technologien integriert.

Seit 1984 wurden 100 Einheiten in Serie gefertigt. Die ersten Maschinen kamen 1985 zur Truppe, die letzten 1988. Die B-1 kann insgesamt 60.780 kg Waffen, darunter bis zu 30 Marschflugkörper, tragen: in drei Waffenschächten (für 34.000 kg Waffenlast ausgelegt) und vier Außenpylonen. Obwohl auf Tiefflugeinsätze mit Terrainverfolgung (ca. 60 m über Geländeniveau) ausgelegt, erreichte die B-1 **viele Weltrekorde hinsichtlich Geschwindigkeit, Reichweite und Zuladung sowie Steigleistung. So schaffte es die B-1 beispielsweise mit 10 Tonnen Nutzlast auf 3000 Meter Höhe in 1:13 Minuten.**

Auf Seite 77 ist die variable Flügelgeometrie (starke Pfeilung für den Marschflug) der Rockwell B-1 B gut zu erkennen, die ihr bei mäßiger Pfeilung sehr gute Langsam- und Tiefflugeigenschaften verleihen.

Die beeindruckende Heckpartie der B-1

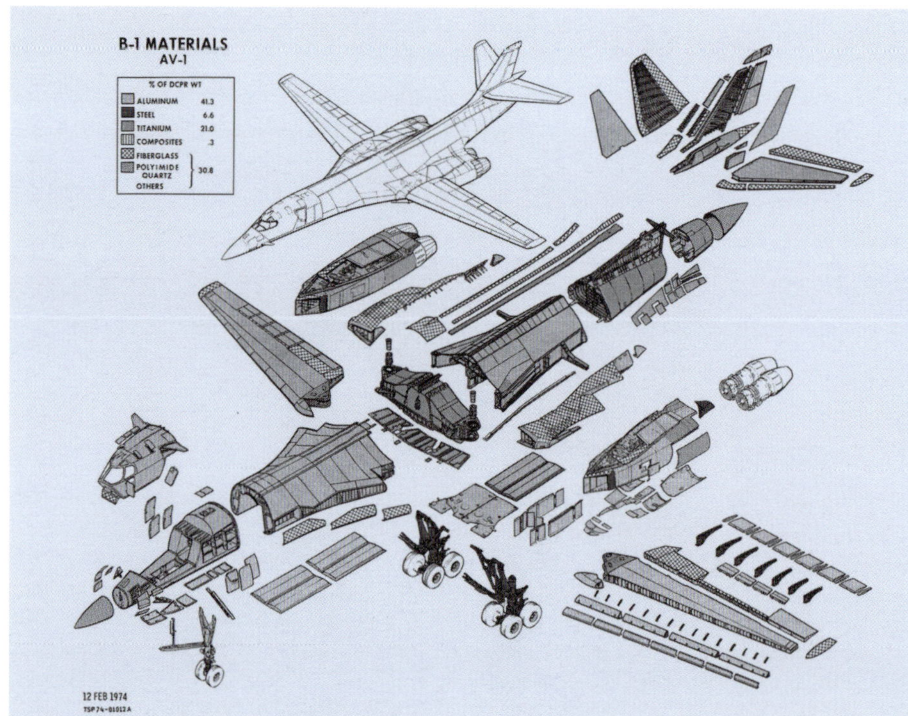

Die Komponenten der B-1 auf einer Zeichnung

Modell:	Rockwell B-1 B
Herkunftsland:	USA
Spannweite:	23,85 – 41,67 m
Länge:	44,50 m
Antrieb:	vier Turbofans General Electric F-101-GE-102 Turbofan mit je 136,92 kN Schub
Höchstgeschwindigkeit:	1324 km/h
Reichweite:	9820 km
Gipfelhöhe:	15.240 m

Northrop Grumman B-2 „Spirit"

Seit die Amerikaner bei Kriegsende die Projekte der deutschen Nurflügel-Flugzeuge (beispielsweise der Horten IX) kennen gelernt hatten, gab es auch in den USA immer wieder Nurflügel-Projekte, etwa bei der Northrop YB 35 und der YB-49, die aber in dieser Form nicht realisiert wurden. **Mit der B-2 nahm man die Nurflügel-Projekte wieder auf und passte sie an die modernsten Stealth-Technologien an.**

Die Entwicklung begann 1981 unter der Bezeichnung ATB (Advanced Technology Bomber). Der Öffentlichkeit wurde die B-2 zum ersten Mal im November 1988 vorgestellt; am 17.7.1989 fand der Erstflug statt. Nachdem die Entwicklungsplanung noch mehrfach geändert worden war, wurden bis 1994 die ersten zehn Maschinen ausgeliefert.

Anders als bei der F-117 gab es bei der B-2 keine kantigen Flächen und Vorsprünge mehr; vielmehr sollten **fließende Übergänge zwischen allen Baugruppen Radarechos und Resonanzen verhindern** oder so gering wie möglich halten. In der Draufsicht stellt sich die Geometrie der Maschine als ein großes „W" dar. Ein erkennbarer Rumpf fehlt ebenso wie ein Seitenleitwerk. Die Lackierung ist oben grau und unten schwarz. Die Beschichtung des Flugzeuges, die den Radarstrahl absorbieren soll, ist so empfindlich, dass die Bomber in penibel sauberen Hangars mit kontrollierter Feuchtigkeit stehen müssen. Zudem wurden in großem Umfang nichtmetallische Verbundwerkstoffe verwendet. Der Abgasstrahl wird gekühlt, bevor er die Struktur verlässt, und den Abgasen werden spezielle Substanzen beigemischt, welche die Bildung von Kondensstreifen verhindern. Im Einsatz werden die B-2-Bomber von Satelliten geführt, damit sie sich nicht durch die elektromagnetischen Wellen der eigenen Zielerfassungsgeräte „enttarnen".

Ursprünglich sollten 130 Spirits beschafft werden, aber die Kostenexplosion führte zur Schrumpfung des Programms. Bei einem Stückpreis von 2,02 Mrd. Dollar (Preise von 1996) wurden bisher erst 21 Einheiten ausgeliefert. In den Stückpreis fließen als reine Baukosten 150 Mio. Dollar ein, das Übrige sind Systemkosten und umgelegte Entwicklungskosten. Ein Flugzeug **dieses teuersten jemals gebauten Waffensystems** ging bislang verloren.

Ein Stealth-Bomber B-2 beim Auftanken in der Luft

Modell:	Northrop Grumman B-2 „Spirit"
Herkunftsland:	USA
Spannweite:	52,40 m
Länge:	21,00 m
Antrieb:	vier Turbofans General Electric F-118 GE-100 mit je 84,6 kN Schub
Höchstgeschwindigkeit:	955–1010 km/h
Reichweite:	12.000 km
Gipfelhöhe:	16.000 m

Dassault Mirage IV

Dassault erhielt 1956 den Staatsauftrag, ein geeignetes Flugzeug als Träger für die französische Atombombe zu entwickeln. Als Basis der Entwicklung diente das Mehrzweckflugzeug Mirage III.

Aufgrund der französischen Einsatzprinzipien war keine interkontinentale Reichweite erforderlich; der Einsatzradius von 1700 km konnte aber gegebenenfalls durch Luftbetankung auf 3000 km erweitert werden. Der erste Prototyp nahm am 17.7.1959 die Flugerprobung auf, im Dezember wurden die ersten Serienmaschinen ausgeliefert, am 1.10.1964 nahm die erste Staffel den Dienst auf.

Insgesamt kamen 50 Maschinen zur Truppe, 36 dienten in Einsatzstaffeln, 14 standen in Reserve. **Auch die Mirage IV lässt das typische Dassault-Design – mit Delta-Flügeln und extrem spitzer Bugform – erkennen.**

Der taktische Mittelstreckenbomber besaß Starthilfsraketen und wurde anfangs als Höhenbomber im Hochgeschwindigkeitsbereich von Mach 2 geflogen. Später wurden die Einsatzgrundsätze verändert und die Maschine operierte im Tiefflug im hohen Unterschallbereich.

Anstelle der frei fallenden Atombombe AN-22 wurde später auch der Abstandsflugkörper ASM mitgeführt. Mitte der Achtzigerjahre wurden die vorhandenen Mirage IV modernisiert und bei dieser Gelegenheit 12 Maschinen zu Aufklärungsplattformen umgerüstet.

Seit 1964 Träger der französischen Atomwaffen: die Mirage IV

Die Lufteinläufe der Triebwerke einer Mirage IV

Modell:	*Dassault Mirage IVA*
Herkunftsland:	*Frankreich*
Spannweite:	*11,85 m*
Länge:	*23,50 m*
Antrieb:	*zwei SNECMA Atar 9k-50 mit je 69,65 kN Schub*
Höchstgeschwindigkeit:	*2340 km/h*
Reichweite:	*1700 km*
Gipfelhöhe:	*16.500 m*

Tupolew Tu-160

Die Tupolew Tu-160 ist **der ganze Stolz des strategischen Bomberkommandos Russlands.** Dabei ist das Projekt ein typisches Produkt der Sowjetzeit und des Kalten Krieges. Als Antwort auf die Entwicklung des US-amerikanischen B-1-Bombers gab die Sowjetregierung 1969 den Entwicklungsauftrag für ein strategisches Bomben- und Aufklärungsflugzeug neuer Dimension. Das Konstruktionsbüro Tupolew konnte auf Erfahrungen mit dem Überschall-Passagierflugzeug Tu-144 und auf den Jagdbomber Tu-22 verweisen und bekam 1975 den Zuschlag für seinen Schwenkflügel-Bomber. Der erste Prototyp startete am 19.12.1981 zum Erstflug. Die ersten Einsatzmaschinen wurden im Mai 1987 ins 184. Luftregiment in die Ukraine verlegt.

Nach dem Zerfall der Sowjetunion befand sich somit der größere Teil der Tu-160-Flotte in ukrainischer Hand und verfiel zusehends, die Maschinen wurden nach und nach verschrottet. 1999/2000 kaufte Russland gegen Verrechnung mit Altschulden und Gaslieferungen acht wenig geflogene Tu-160 zurück. Unter Präsident Putin, der in prestigeträchtigen Schwerpunkten eine Remilitarisierung Russlands betrieb, durfte sich das strategische Bomberkommando wieder einer größeren Zuwendung erfreuen als unmittelbar nach 1991.

Die Tu-160 kann heute als das größte und schwerste strategische Bombenflugzeug gelten, das sich im aktiven Dienst befindet. So übertrifft die maximale Startmasse von 270 Tonnen die der aktuellen B-52-Version um 54 Tonnen.

Russlands Farben über dem roten Stern – Russland pflegt seine strategischen Bomber wieder.

Das Cockpit des schwersten Bombers, der sich derzeit im Dienst befindet.

Modell:	Tupolew Tu-160
Herkunftsland:	UdSSR
Spannweite:	36,70 bis 54,00 m
Länge:	66,74 m
Antrieb:	vier Kusnezow NK-144 mit je 196 kN Schub
Höchstgeschwindigkeit:	2400 km/h
Reichweite:	7300 km
Gipfelhöhe:	16.000 m

Sopwith „Triplane“

Als der Erste Weltkrieg begann, waren die Piloten verschiedener Nationen, die sich von flugsportlichen Wettkämpfen kannten, auf einmal Kriegsgegner. Doch erst allmählich bildete sich in der neuen Waffengattung eine gewisse Spezialisierung heraus. Jagdflugzeuge etwa sollten gegnerische Flugzeuge, vor allem Aufklärungsflugzeuge und andere Jagdflugzeuge vom Himmel holen.

Als die Sopwith Triplane im Februar 1917 an der Front erschien, war der Dreidecker zunächst **hinsichtlich Wendigkeit und Steigleistung allen anderen Jagdflugzeugen überlegen**; in Tests hatte die Maschine 6705 Meter Höhe und eine – allerdings nicht sehr beeindruckende – Höchstgeschwindigkeit von 186 km/h erreicht.

Die deutschen Gegner waren so beeindruckt, dass nicht weniger als 14 Firmen ebenfalls Dreidecker bauten – auch der „rote Baron“ Manfred von Richthofen flog den Dreidecker Dr. 1 von Fokker.

Modell:	*Sopwith „Triplane“*
Herkunftsland:	*Großbritannien*
Spannweite:	*8,50 m*
Länge:	*5,70 m*
Antrieb:	*ein Clerget 9 B Umlaufmotor mit 95 kW*
Höchstgeschwindigkeit:	*186 km/h*
Reichweite:	*350 km*
Gipfelhöhe:	*5790 m*

Die Sopwith Triplane sicherte der Entente für kurze Zeit die Luftüberlegenheit. Die eher bescheidene Geschwindigkeit machte sie durch Beweglichkeit wett. Mit dieser Maschine wurde die kurze Ära der Dreidecker bei den Jagdflugzeugen eingeleitet.

Junkers J 10 (C.L.I)

Die Firma Junkers war der erste Flugzeugbauer, der während des Ersten Weltkriegs **mit freitragenden Ganzmetallkonstruktionen** aufwartete. Nach dem Experimentalbau J 1 hatte Junkers mit den Jagdeinsitzern J 7 und J 9 zwei brauchbare Modelle geschaffen, denen der zweisitzige Aufklärer J 8 folgte, der wiederum zur Serienausführung J 10 weiterentwickelt wurde, die auch als Erdkampfflugzeug eingesetzt werden konnte. Seit Mai 1918 war das Flugzeug bei der Truppe, die es wegen der **Witterungsbeständigkeit** beim Fronteinsatz und der **Beschussfestigkeit** schätzte. Insgesamt wurden 44 Exemplare gebaut. Zwei Maschinen wurden 1919 provisorisch zu Passagiermaschinen umgebaut; sie flogen zwischen Dessau und Weimar.

Modell:	*Junkers J 10 (C.L.I)*
Herkunftsland:	*Deutschland*
Spannweite:	*12,30 m*
Länge:	*7,90 m*
Antrieb:	*ein Mercedes DIIIa mit 130 kW*
Höchstgeschwindigkeit:	*190 km/h*
Reichweite:	*380 km*
Gipfelhöhe:	*5000 m*

Messerschmitt Bf 109

Willy Messerschmidt entwickelte das Jagdflugzeug 1934 noch für die Bayerischen Flugzeugwerke (daher die korrekte Typbezeichnung Bf 109). Das erste Versuchsmuster flog im Mai 1935, 1936 folgten weiter verbesserte Prototypen. Messerschmidt konnte sich im Wettbewerb gegen Arado, Focke-Wulf und Heinkel durchsetzen – **die Bf 109 wurde zum Standardjäger der deutschen Luftwaffe** und blieb bis Kriegsende im Einsatz.

Die Motoren und die Flugleistungen wurden während der Einsatzzeit kontinuierlich verbessert. Während die erste Serienversion Bf 109 B noch mit einer Höchstgeschwindigkeit von 480 km/h auskommen musste, erreichte die letzte Serienversion K-4 von 1944 schließlich mit dem Motor DB 605 D eine Spitzengeschwindigkeit von 728 km/h.

Mit ihren über 33.000 gebauten Exemplaren war die Messerschmitt **das am häufigsten gebaute Jagdflugzeug der Luftfahrtgeschichte**. Zu den seltsamen Wendungen der Geschichte gehört, dass der junge Staat Israel 1948 einige in der Tschechoslowakei zurückgebliebene bzw. fertig gebaute Exemplare der Bf 109 erwerben und ausgerechnet mit deutschen Flugzeugen die arabischen Angriffe zurückschlagen konnte.

Die in der Statistik so genannte Messerschmitt Bf 109 R, die am 24.4.1939 mit Chefpilot Wendel den **Geschwindigkeitsrekord für kolbenmotorgetriebene Flugzeuge** (755,138 km/h) errang, war in Wirklichkeit keine Serienmaschine, sondern eine für den Rekordversuch modifizierte Me 209 V1.

Die Messerschmitt Bf 109, der Standardjäger der deutschen Luftwaffe

Das Cockpit einer Bf 109

Modell:	*Messerschmitt Bf 109 K-4*
Herkunftsland:	*Deutschland*
Spannweite:	*9,92 m*
Länge:	*9,02 m*
Antrieb:	*ein Daimler-Benz DB 605AM mit 1325 kW*
Höchstgeschwindigkeit:	*621 km/h*
Reichweite:	*720 km*
Gipfelhöhe:	*11.750 m*

Supermarine Spitfire

Die große **Konkurrentin der Messerschmitt Bf 109** auf dem westlichen Kriegsschauplatz war die Supermarine Spitfire. Der erste Prototyp dieses Flugzeugs flog erstmals am 5.3.1936. Der Entwicklungsrückstand zur Messerschmitt Bf 109 war noch nicht ganz aufgeholt, als der Zweite Weltkrieg begann. In der Luftschlacht um England waren die ersten Spitfires 1940 maßgeblich beteiligt.

Charakteristisch am Design der Spitfire war der elliptische Flügel, der an die Heinkel He-70 Blitz erinnerte. In der Tat hatte Konstrukteur Mitchell die Heinkel-Maschine gründlich studiert und sich von den Vorzügen des elliptischen Flügels inspirieren lassen.

Das von Mitchell gewählte dünne **Flügelprofil erwies sich als vorteilhaft im Hochgeschwindigkeitsbereich**; die große Flügelfläche sorgte für einen engen Kurvenradius.

Insgesamt wurden in 24 Hauptversionen und Unterversionen 20.350 Stück gefertigt. Davon waren einige noch bis in die frühen Sechzigerjahre im Einsatz.

Aus der Spitfire Mk XIV wurde 1945/46 der Marinejäger Seafang entwickelt, der mit seinen 764 km/h Spitzengeschwindigkeit (Gerüchten zufolge sollten sogar einmal 794 km/h erreicht worden sein) **eines der schnellsten kolbenmotorgetriebenen Flugzeuge aller Zeiten** war.

Charakteristisch für die Spitfire: der elliptische Flügel

Exemplare der Spitfire sind auf Flugschauen heute gern gesehene Gäste.

Modell:	*Supermarine Spitfire Mk Va*
Herkunftsland:	*Großbritannien*
Spannweite:	*11,20 m*
Länge:	*9,12 m*
Antrieb:	*ein Rolls-Royce Merlin Mk. 45 Sternmotor mit 1102 kW*
Höchstgeschwindigkeit:	*594 km/h*
Reichweite:	*755 km*
Gipfelhöhe:	*11.125 m*

De Havilland DH.98 „Mosquito"

Die Mosquito von De Havilland war eine der bekanntesten Maschinen des Zweiten Weltkriegs. Ursprünglich war sie als zweimotoriger Schnellbomber konzipiert worden, dessen Zelle und Tragwerk ganz aus Holz gefertigt waren. Er sollte 600 km/h schnell fliegen und mit einer Bombenzuladung von 450 kg eine Reichweite von 2400 km haben. Doch die britische Militärführung stand dem „Holzbomber" zunächst sehr skeptisch gegenüber; erst nach Kriegsbeginn trat man dem Projekt wieder näher, schien sich doch hier neben den Flugeigenschaften auch die Einsparung strategischer Rohstoffe als Vorzug zu erweisen. Allerdings wurde noch immer die fehlende Abwehrbewaffnung bemängelt. Der britische Air Marshall Wilfrid R. Freeman setzte sich über die Bedenken hinweg und das Projekt durch – **mit einer Spitzengeschwindigkeit von 635 km/h in 750 m Einsatzhöhe flog die Mosquito allen damals eingesetzten Jagdflugzeugen einfach davon.**

Abwehrbewaffnung wäre nur hinderlich gewesen und hätte die Geschwindgkeit verringert. Außerdem war die Mosquito **ein äußert vielseitig einsetzbares Flugzeug.**

Als die ersten Maschinen Mitte 1941 zur Truppe kamen, wurden sie als Aufklärer, Bomber und – mit Druckkabine versehen – als Höhenbomber eingesetzt. Später wurden auch Jagdbomber mit Raketenbewaffnung unter den Flügeln ausgerüstet.

Um der nächtlichen Bombenangriffe gegen die britischen Städte Herr zu werden, wurde schon 1941 eine spezielle Version als Nachtjäger (mit Funkmesseinrichtung und vier starr eingebauten Maschinengewehren) entwickelt.

Insgesamt entstanden 7780 Flugzeuge; ein beträchtlicher Teil davon wurde in Kanada und in Australien gebaut.

Was man aus Holz alles machen kann! De Havilland DH.98 Mosquito

Das Cockpit der Mosquito

Modell:	De Havilland DH.98 B Mk XVI
Herkunftsland:	Großbritannien
Spannweite:	16,51 m
Länge:	13,56 m
Antrieb:	zwei Rolls-Royce Merlin 72 mit je 1253 kW
Höchstgeschwindigkeit:	656 km/h
Reichweite:	2390 km
Gipfelhöhe:	11.300 m

Messerschmitt Me 262

Die Messerschmitt Me 262 ist als **das erste einsatzfähige Jagdflugzeug mit Luftstrahlantrieb, das in Serie gebaut wurde**, in die Luftfahrtgeschichte eingegangen. Die Entwicklungsarbeiten begannen 1938; bei BMW und Junkers waren Luftstrahlturbinen entwickelt worden, die als neuartige Flugzeugantriebe infrage kamen. Das Reichsluftfahrtministerium beauftragte das Unternehmen Messerschmitt mit der Konstruktion eines Jagdflugzeugs, das zwei Strahlturbinen haben sollte. Bei Messerschmitt konstruierte man einen freitragenden Tiefdecker, bei dem die beiden Triebwerke bei etwa einem Drittel der Spannweite in Gondeln unter den Tragflächen angebracht waren. Der Erstflug (noch mit Kolbenmotoren) fand am 25.11.1941 statt; der dritte Prototyp mit dem Jumo 004A hob dann am 17.7.1942 erstmals ab.

Als der Strahljäger einsatzklar war, beherrschten die alliierten Flugzeuge bereits den Luftraum über der Front und über dem Reichsgebiet. Die Hoffung der deutschen Jagdflieger, die neue Waffe bei der Reichsverteidigung einsetzen und die Überlegenheit der alliierten Luftstreitkräfte brechen oder wenigstens zurückdrängen zu können, erfüllte sich nicht. Hitler bestimmte persönlich und ohne Widerspruch zu dulden, dass die Me 262 als „Blitzbomber" gegen England eingesetzt werden müsse.

Durch die Umrüstung zum Jagdbomber mit Außenlasten verlor die Maschine jedoch ihren Geschwindigkeitsvorteil gegenüber den Kolbenmotorjägern. Erst kurz vor Kriegsende wurden größere Jagdverbände aus Me 262 aufgestellt; inzwischen war die alliierte Luftüberlegenheit so groß geworden, dass die aufsteigenden und landenden Strahljäger selbst Jagdschutz gegen die alliierten Angriffe benötigten. In den verbleibenden Monaten des Krieges gelang es nicht mehr, eine entsprechende Anzahl Piloten auszubilden, die das Jagdflugzeug mit seinen Schwächen und Möglichkeiten beherrschten. Außerdem zwang der Treibstoffmangel am Ende des Krieges die deutsche Luftwaffe, ihre meisten Flugzeuge am Boden zu lassen.

Zwar nicht mehr mit den originalen Triebwerken, aber ansonsten von authentischer Wirkung: die Me 262 auf einer Flugschau.

Modell:	*Messerschmitt Me 262*
Herkunftsland:	*Deutschland*
Spannweite:	*12,60 m*
Länge:	*10,60 m*
Antrieb:	*zwei Jumo 004 B-2 Strahltriebwerke mit je 8,8 kN Schub*
Höchstgeschwindigkeit:	*873 km/h*
Reichweite:	*1000 km*
Gipfelhöhe:	*11.000 m*

Gloster G 41 „Meteor"

Die Gloster Meteor war **das erste strahlgetriebene Jagdflugzeug der Royal Air Force** und das einzige Strahlflugzeug, das die Westalliierten während des Zweiten Weltkriegs einsetzten. Das Flugzeug sollte ursprünglich „Thunderbolt" genannt werden; da aber in den USA der Jäger P-47 bereits den Beinamen „Thunderbolt" trug, entschied man sich bei Gloster für „Meteor", womit man poetisch auf die im Dunkeln schweifartig leuchtende Abgasfackel der Triebwerke anspielte. Die Gloster Meteor flog am 5.3.1943 zum ersten Mal und wurde seit Juli 1944 bei der RAF eingesetzt: hauptsächlich gegen die einfliegenden deutschen Flügelbomben V-1. Am 27.7.1944 holte eine Meteor die erste V-1 vom Himmel.

Die Meteor war als freitragender Tiefdecker in Ganzmetallbauweise konstruiert; das Höhenleitwerk war nach oben versetzt als Kreuzleitwerk ausgeführt worden, was der Maschine ihre charakteristische Silhouette gab. Die während des Krieges gebauten Maschinen litten bei hoher Geschwindigkeit an Gierschwingungen, die dem Einsatz als Jagdflugzeug Grenzen setzten; daher wurde die Meteor unter anderem als Jagdbomber, Höhenaufklärer oder Nachtjäger modifiziert.

Die Geschwindigkeit war anfangs niedriger als die etwa der Me 262, doch wurde sie später durch Einbau stärkerer Triebwerke in die Nähe der Schallgrenze hochgetrieben.

Auch die Gierschwingungen bekam man bei Gloster nach dem Krieg in den Griff, so dass verschiedene Versionen des Flugzeugs auch noch in den Fünfzigerjahren im Einsatz waren.

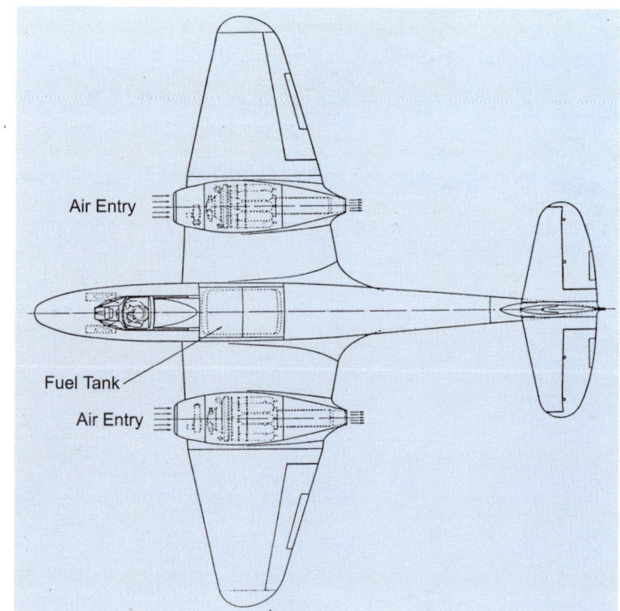

Risszeichnung der Gloster Meteor

Eine Gloster Meteor der dänischen Luftwaffe

Modell:	Gloster G 41 „Meteor" F Mk. III
Herkunftsland:	Großbritannien
Spannweite:	13,11 m
Länge:	12,57 m
Antrieb:	zwei Rolls-Royce Derwent I mit je 8,9 kN Schub
Höchstgeschwindigkeit:	793 km/h
Reichweite:	2150 km
Gipfelhöhe:	15.240 m

Convair F-102 „Delta Dagger"

Die Erfahrungen des Koreakrieges ließen es der Führung der USAF geboten erscheinen, einen Allwetter-Abfangjäger mit Überschallgeschwindigkeit in Auftrag zu geben, der Teil eines modernen, aus Radar, Feuerleitsystem und Lenkwaffen bestehenden Luftabwehrsystems sein sollte.

Ein anspruchsvolles Ziel. Nach dem Erstflug des Prototyps am 24.10.1953 zeigte sich, dass die gewünschten Leistungen des Flugzeugs so nicht zu erreichen waren.

Der Neuentwurf hatte einen taillierten Rumpf, verstärkte Flügel und ein stärkeres Triebwerk und erreichte bei seinem Erstflug am 20.12.1954 Überschallgeschwindigkeit (Mach 1,22) und eine Höhe von 16.155 m.

Aus vielen Parallelentwicklungen wählte die USAF schließlich den Convair-Entwurf für die Serienfertigung aus, obwohl sie sich bewusst war, damit nur eine Zwischenlösung einzukaufen, bis ein „Ultimate Interceptor" zur Verfügung stand.

Im April 1956 wurden die ersten Serienmaschinen F-102A in Dienst gestellt; später wurden auch zweisitzige Trainer (TF), bemannte ferngesteuerte Flugkörper (QF) und Zielflugkörper (PQM) aus dem Grundentwurf abgeleitet. Mit der Delta Dagger wurde auch die sowjetische MiG-21 bei der Pilotenausbildung der Air Force simuliert.

Die Delta Dagger war das erste Jagdflugzeug mit Deltaflügeln, das zum Einsatz kam. Seine Weiterentwicklung als F-102B wurde im Juli 1956 offiziell in F-106 umbenannt. Das als „Delta Dart" bekannt gewordene Flugzeug war der „Ultimate Interceptor", den sich die Air-Force-Führung vorgestellt hatte. Die verbliebenden F-102 wurden 1974 an die Nationalgarde übergeben oder exportiert.

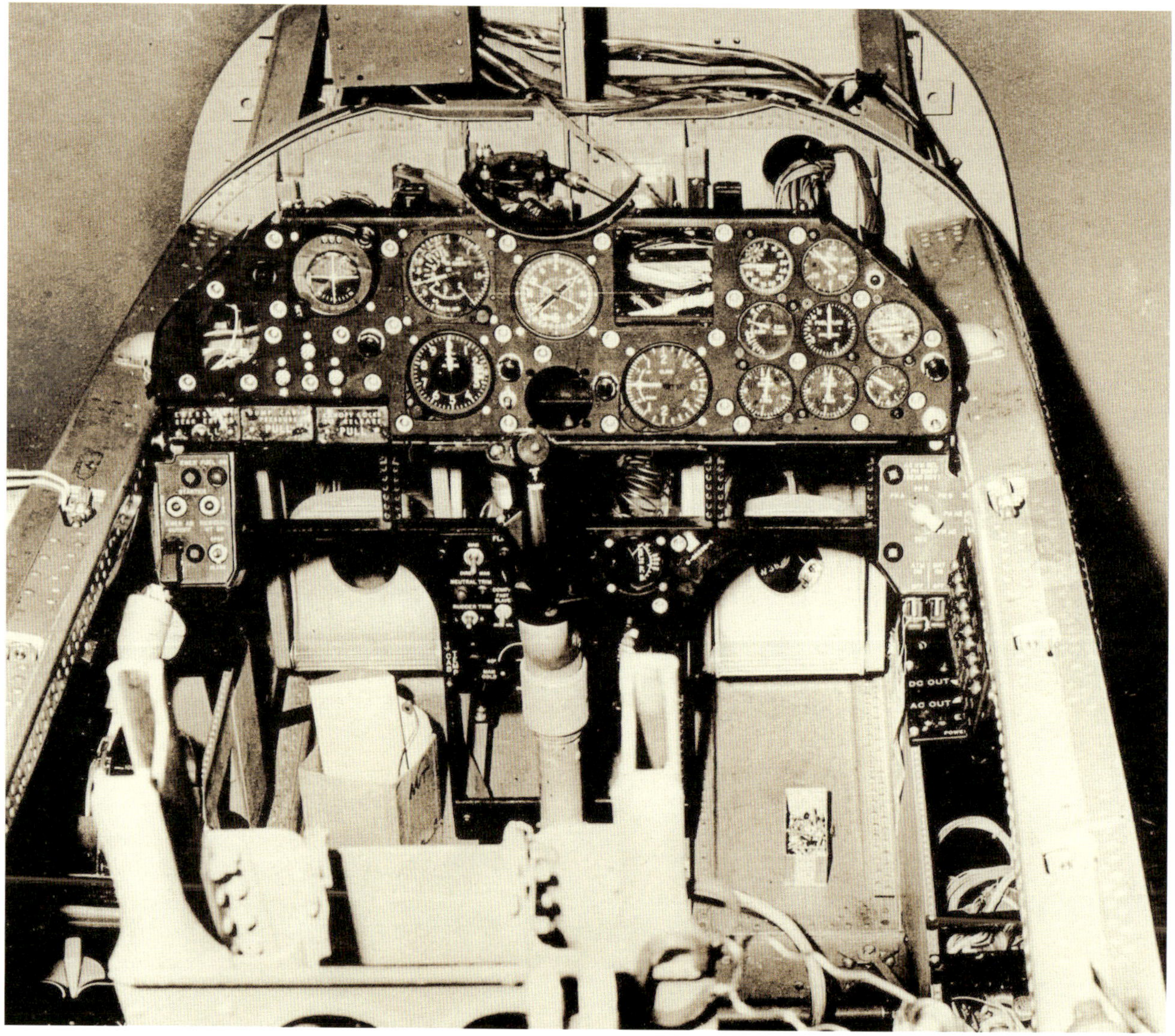

Das Cockpit einer Delta Dagger; der Pilot flog mit zwei Steuerknüppeln.

Modell:	Convair F-102 „Delta Dagger“
Herkunftsland:	USA
Spannweite:	11,60 m
Länge:	20,80 m
Antrieb:	ein Pratt & Whitney J-57-P-35 mit 66,7 kN Schub
Höchstgeschwindigkeit:	1550 km/h
Reichweite:	2400 km
Gipfelhöhe:	16.400 m

McDonnell-Douglas F-4 „Phantom II“

Die Firma McDonnell war von der durchschlagenden Wirkung ihres „Phantom“-Entwurfes so überzeugt, dass sie das größte Jäger-Programm der Nachkriegszeit ohne vorangehenden Entwicklungsauftrag auf eigenes Risiko auflegte. Im September 1953 begann man mit ersten Studien für einen zweistrahligen Allwetter-Abfangjäger. Der erste Prototyp startete am 27.5.1958 zum Erstflug. Die Flugleistungen erwiesen sich schnell als so vielversprechend, dass der Einsatz des Flugzeugs auch als Erdkampf- und Aufklärungsflugzeug infrage kam.

Als erstes Kampfflugzeug überhaupt war die „Phantom II“ in der Lage, gegnerische Ziele ohne Unterstützung des bodengestützten Radars zu erfassen und zu bekämpfen. Unverzüglich platzierte die US Navy den ersten Großauftrag. Sogar die Air Force, die traditionell keine Navy-Flugzeuge in ihrem Bestand sehen möchte, kaufte 653 Exemplare (ursprünglich als F-110A, später unter der Bezeichnung F-4C eingesetzt).

Insgesamt wurden 5197 Maschinen in 29 Versionen gebaut; die Serienproduktion endete erst 1979. Die Nachfolgemodelle hatten es schwer, die Leistungen der F-4 zu übertreffen. Ob in Südostasien oder im Nahen Osten – **„Phantoms“ waren an fast allen militärischen Konflikten seit den 1960er-Jahren beteiligt**. Außer in den USA flogen sie auch in Israel und Ägypten, in Griechenland und der Türkei – insgesamt in zwölf Einsatzländern.

Eine Phantom im Steigflug.

Eine Phantom mit attraktiver Bemalung beim Überflug während einer Flugschau.

Eine F-4 Phantom wird startklar gemacht.

Modell:	McDonnell-Douglas F-4 E
Herkunftsland:	USA
Spannweite:	11,70 m
Länge:	19,40 m
Antrieb:	zwei General Electric J-79-GE-17 mit Nachbrenner mit je 52,8 kN Schub
Höchstgeschwindigkeit:	2500 km/h
Reichweite:	3700 km
Gipfelhöhe:	18.420 m

General Dynamics F-111

Etwa gleichzeitig suchten die US Air Force für die F-105 „Thunderchief" und die US Navy für die F-4 Phantom II und die Vaught F-8 einen geeigneten Nachfolger. Um den Anforderungen beider Teilstreitkräfte mit einem Grundentwurf gerecht zu werden, entwarf General Dynamics ein zweisitziges Mehrzweckkampfflugzeug mit variabler Tragflächengeometrie, das erste einsatzfähige seiner Art. Auch andere **Neuerungen wie Turbofans mit Nachbrenner und Geländeverfolgungsradar wurden erstmals erfolgreich eingesetzt**.

Die F-111 war als Schulterdecker konstruiert. Zwei große Drehlager ermöglichten unterschiedliche Maße der Flügelpfeilung: Bei 16 Grad wurden der höchste Auftriebswert und die geringste Start- und Landegeschwindigkeit erreicht, **bei 35 Grad konnte eine hohe Unterschall-Marschgeschwindigkeit gehalten werden**, bei der kompletten Pfeilung von 72,5 Grad lagen die Flügel praktisch am Leitwerk an und erlaubten die **höchste Endgeschwindigkeit im Luftkampf von Mach 2,4**.

Das Problem des Flugzeugs war jedoch, dass die Navy einen Langstreckenjäger suchte und die Air Force einen Jagdbomber. Der Navy war die F-111 schlicht zu schwer für das Operieren auf Flugzeugträgern; bei ihr fiel der Entwurf glatt durch.

Für die Air Force wurden die ersten Serienmaschinen 1967 einsatzklar gemacht, doch erst 1973 erschien die Version F-111F mit neuen Triebwerken. Trotz der Bezeichnung F (für Fighter = Jagdflugzeug) ist die Maschine eher als taktischer Bomber anzusehen (und wurde auch so verwendet).

Militärisch eingesetzt wurde die F-111 beispielsweise 1972/73 über Vietnam, 1986 über Libyen und 1991 gegen den Irak. 1993 wurden die Maschinen ausgemustert.

Mit mäßiger Pfeilung erreicht man beste Marschflugeigenschaften.

Für die höchste Endgeschwindigkeit im Luftkampf eignet sich die starke Pfeilung.

Modell:	General Dynamics F-111 F
Herkunftsland:	USA
Spannweite:	9,73 bis 19,20 m
Länge:	22,40 m
Antrieb:	zwei Pratt & Whitney TF-30-P-111 mit je 111,7 kN
Höchstgeschwindigkeit:	2600 km/h
Reichweite:	4660 km
Gipfelhöhe:	18.290 m

Mikojan Gurewitsch MiG-29

Die MiG-29 hat eine lange Geschichte. Sie begann 1972 mit der Forderung der sowjetischen Luftwaffenführung, ein Ersatzmuster für die Jagdflugzeuge MiG-21 und MiG-23, Su-15 und Su-17 zu schaffen. Seinen Erstflug hatte der Typ am 6.10.1977.

Die Serienfertigung begann 1982, doch erst im Juli 1986 wurde die Maschine der westlichen Öffentlichkeit vorgeführt, als sechs Maschinen auf dem finnischen Luftwaffenstützpunkt Rissala (und anschließend in Farnborough und Paris) gastierten.

Die Modelle der Siebziger- und Achtzigerjahre waren den F-16 hinsichtlich der Avionik und damit im Fernkampf unterlegen, konnten aber im Nahkampf ihre überlegene Beweglichkeit und die Bewaffnung mit Luft-Luft-Raketen ausspielen, die vom Piloten mittels Helmvisier ins Ziel gelenkt werden.

Die Bundesluftwaffe übernahm 24 Maschinen von der NVA, war **mit den Flug- und Einsatzleistungen hoch zufrieden**, scheute aber die hohen Betriebs- und Wartungskosten und die Abhängigkeit von russischen Wartungsfirmen und gab die Maschinen 2003 an Polen ab.

In den dreißig Jahren seiner Produktion hat das Flugzeug viele Weiterentwicklungen und Modifikationen erfahren. 2006 wurde auf der ILA in Berlin die neue Version „OVT" präsentiert; sie verfügt über eine dreidimensionale Schubvektorsteuerung. **Das Flugzeug ist in der Lage, kurzzeitig senkrecht auf seinem eigenen Schubstrahl zu stehen, und kann das Kobra-Manöver ausführen.**

Die MiG-29 „OVT" ist die neueste Version des Jagdflugzeugs aus russischer Produktion.

Dank Schubvektorsteuerung kann die MiG-29 auf ihrem eigenen Schubstrahl senkrecht in der Luft stehen.

Modell:	*Mikojan Gurewitsch MiG-29 M*
Herkunftsland:	*UdSSR*
Spannweite:	*11,36 m*
Länge:	*17,37 m*
Antrieb:	*zwei Klimow/Sarkisow RD-33 mit je 81,4 kN Schub*
Höchstgeschwindigkeit:	*2450 km/h*
Reichweite:	*2200 km*
Gipfelhöhe:	*17.000 m*

BAe/McDonnell-Douglas AV-8 B Harrier II

In den Sechzigerjahren entwickelte die Firma Hawker-Siddeley, die später in British Aerospace aufging, ein Jagd- und Erdkampfflugzeug **mit schwenkbaren Schubdüsen im Rumpf, welche die Umleitung des Schubstrahls nach unten – und damit den Senkrechtstart – ermöglichte**. Die ursprüngliche P.1127 war für den Einsatz auf den relativ kleinen britischen Flugzeugträgern optimiert, wo der Start in der Regel nicht senkrecht, sondern mit „kurzem Anlauf" über eine ansteigende Rampe, dafür aber ohne Katapultvorrichtung erfolgen kann. Die ersten Harrier und Sea Harrier erwiesen sich im Falklandkrieg als den reinen Jagdflugzeugen der Argentinier ebenbürtig, wobei die schwenkbaren Schubdüsen auch in der Luft Manöver erlaubten, die man vordem nicht für möglich gehalten hätte.

Die neue Generation, die Harrier II, hatte am 9.11.1978 ihren Erstflug. Die Weiterentwicklung wurde von British Aerospace, später von McDonnell-Douglas (inzwischen in Boeing aufgegangen) in Kooperation durchgeführt. Die Erneuerungen betrafen vor allem das Triebwerk, die Avionik und die Bewaffnung. Der AV-8 B wird vom US Marine Corps, der Royal Air Force, der Royal Navy geflogen und außerdem auf den Flugzeugträgern Spaniens und Italiens eingesetzt. Die britischen Versionen werden als GR.5, GR.7 und GR.9 geführt (zweisitzige Trainerversionen als T.10 und T.12). Bei der Version GR.9 konnte präzisionsgelenkte Munition mitgeführt und verschossen werden; sie verfügte auch über eine neuartige Trägheits- und GPS-Navigation.

Die neueste Version AV-8 B Harrier II Plus erlaubt den Einsatz von Langstrecken-Lenkwaffen. Alle AV-8 B der USA, Italiens und Spaniens wurden auf diesen Standard umgerüstet.

Eine Harrier direkt über dem Flugdeck eines Trägers

Bewaffnung der Harrier an Unterflügelstationen

Modell:	BAe/McDonnell-Douglas AV-8 B Harrier II
Herkunftsland:	Großbritannien/USA
Spannweite:	14,12 m
Länge:	9,25 m
Antrieb:	ein Rolls-Royce Pegasus Mk.106 Turbofan mit 96,73 kN Schub
Höchstgeschwindigkeit:	1040 km/h
Reichweite:	1780 km
Gipfelhöhe:	15.240 m

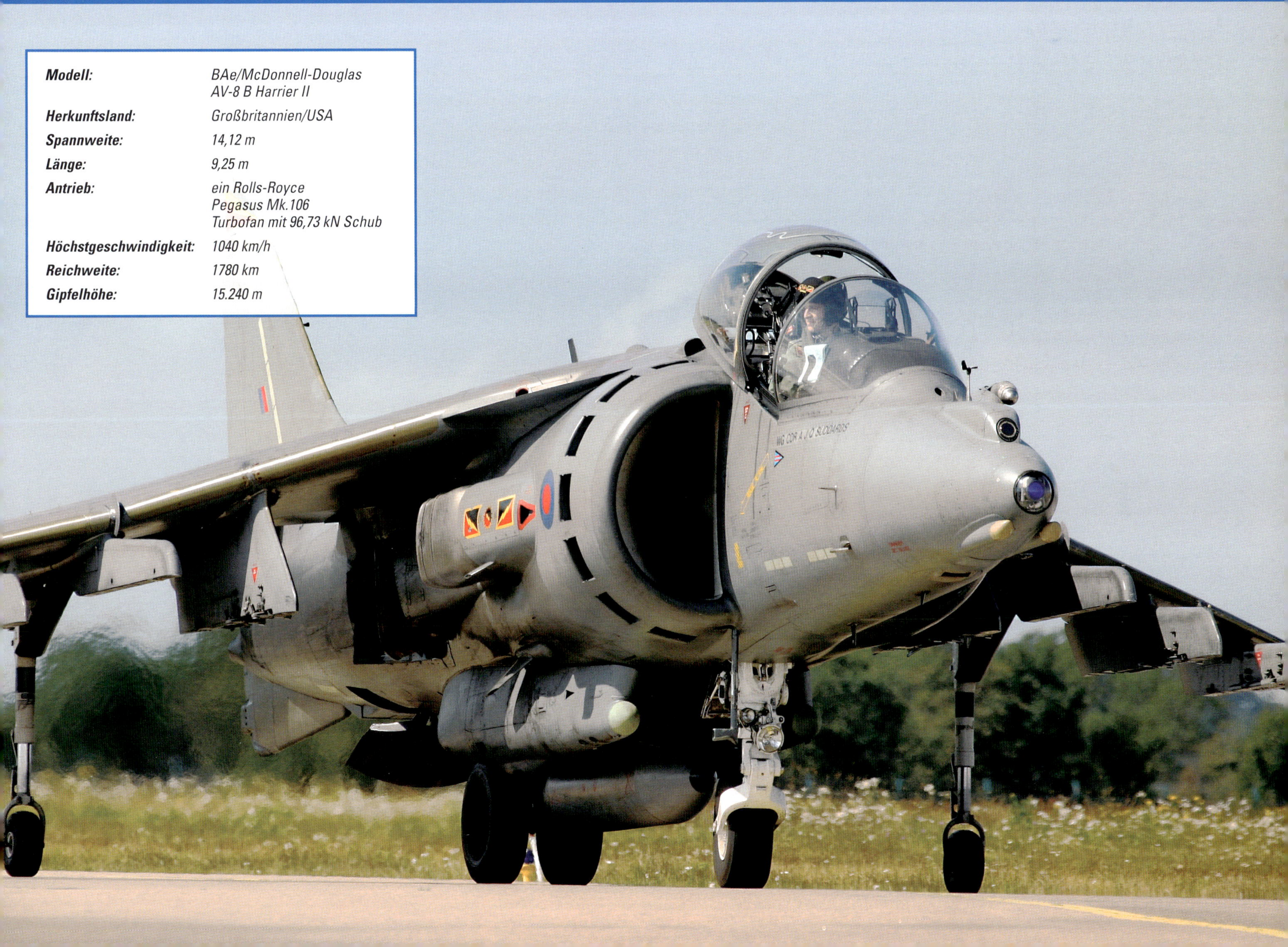

Lockheed SR-71 „Blackbird"

Die „Blackbird" wurde Anfang der Sechzigerjahre als Ersatz für das Aufklärungsflugzeug U-2 entwickelt, als sich herausgestellt hatte, dass die in großen Höhen langsam gleitende U-2 von der gegnerischen Luftabwehr erreicht werden kann. Mit der „Blackbird" verfolgte man ein anderes Konzept. **Zur großen Höhe kam die große Geschwindigkeit und eine Formgebung, die ein möglichst kleines Radarecho abgibt.** Die Leistungsgrenze des Flugzeugs liegt bei ca. 3540 km/h und 26.000 m Höhe.

Mit einer Flugzeit von 1:55 Stunden von New York nach London errang eine serienmäßige SR-71A 1974 den Geschwindigkeitsrekord für Transatlantikflüge. 1976 wurden weitere Weltrekorde auf der 1000-km-Distanz und der absolute Geschwindigkeitsrekord im Horizontalflug (3529,6 km/h) aufgestellt. Für ihre Flugleistungen benötigte die „Blackbird" den Hochtemperaturtreibstoff JP-7, der gewöhnlich ausläuft (siehe unteres Bild), solange die Maschine Mach 3 noch nicht erreicht hat und durch die hitzebedingte Ausdehnung des Materials alle Leckagen geschlossen werden. Alle 32 Maschinen wurden 1990 außer Dienst gestellt. Die NASA übernahm hiervon noch drei Exemplare zu Forschungszwecken.

Modell:	*Lockheed SR-71 A*
Herkunftsland:	*USA*
Spannweite:	*16,94 m*
Länge:	*32,74 m*
Antrieb:	*zwei Pratt & Whitney J58-JT-11 mit Nachbrenner mit je 151,1 kN Schub*
Höchstgeschwindigkeit:	*3380 km/h*
Reichweite:	*4800 km*
Gipfelhöhe:	*25.900 m*

Eine SR-71 rollt zum Start.

Bei niedrigen Geschwindigkeiten tritt Treibstoff aus – sichtbar an den schwarzen Schlieren auf den Flügeloberseiten.

Schwertransporter der Lüfte

Curtiss-Wright C-46 „Commando"

Die Curtiss-Wright Commando stand immer im Schatten der viel bekannteren, viel häufiger gebauten, viel mehr eingesetzten und infolgedessen in der Literatur viel öfter erwähnten C-47 von Douglas, der Transportversion der DC-3. Luftfahrthistorisch gesehen tut man der „kleinen Dicken" von Curtiss damit Unrecht, denn **sie war das seinerzeit größte zweimotorige Transportflugzeug der Welt**.

Curtiss leitete seine als C-46 bei der US Air Force und als R5C bei der Navy eingesetzte Transportmaschine aus dem bewährten Verkehrsflugzeug CW-20 ab, das 1940 fertig gestellt und in den Flugdienst genommen wurde.

Das Zivilflugzeug C-46 wurde wegen des Kriegseintritts der USA nicht gebaut, das militärisch nutzbare Transportflugzeug ging 1942 in Großserienproduktion. Dafür baute man einen verstärkten Kabinenboden und eine größere Ladeluke ein, verzichtete hingegen auf die im Verkehrsflugzeug ursprünglich vorgesehene Druckkabine.

Die maximale Startmasse war bei der C-46 „Commando" mit 22.680 kg bedeutend höher als bei der berühmten „kleinen Schwester" von Douglas. **Sie konnte die doppelte Nutzlast von 6800 kg oder 50 Passagiere befördern, war schneller als die C-47 und verfügte über eine größere Reichweite.** Das machte sie besonders auf dem pazifischen Kriegsschauplatz und in Asien zum Arbeitspferd der militärischen Transportfliegerei.

Nach dem Krieg setzte sie ihre Karriere im Zivilsektor fort. Einige dieser robusten Transporter flogen bis in unsere Tage.

Der geräumige Laderaum der Curtiss-Wright C-46

Eine Curtiss-Wright C-46 im Flug

Modell:	*Curtiss-Wright C-46 R*
Herkunftsland:	*USA*
Spannweite:	*32,92 m*
Länge:	*23,27 m*
Antrieb:	*zwei Pratt & Whitney R-2800-34 Double Wasp Doppelsternmotoren mit je 1495 kW*
Höchstgeschwindigkeit:	*370 km/h*
Reichweite:	*2700 km*
Gipfelhöhe:	*6700 m*

Boeing B-377 SGT-201 „Super Guppy"

Die Dimensionen der Transportflugzeuge wuchsen mit ihren Aufgaben. Dort, wo es nicht nur um Masse schlechthin, sondern um die Beförderung sperriger Lasten ging, nahmen die Flugzeuge zuweilen besonders abenteuerliche Formen an.

So ließ die NASA in den Sechzigerjahren von der Firma Conroy Aircraft eine Reihe älterer Flugzeuge umbauen, um sie für den Transport der immer größer werdenden Raketenteile von den Produktionsstandorten zu den Startplätzen zu nutzen. Wegen ihrer charakteristischen Form wurden sie **Guppy genannt**, obgleich ihre Größe zu der des kleinen Zierfischs in einem krassen Missverhältnis stand. Die erste Guppy startete am 19.9.1962 zum Erstflug. Die umgebaute Boeing B-377 (die zivile Version der C-97 Stratofreighter, die wiederum auf der Basis des strategischen Bombers B-29 entwickelt worden war) bekam den Beinamen Pregnant Guppy (Schwangere Guppy). Die Notwendigkeit, damit auch Teile für die Saturn-5-Rakete zu transportieren, führte zur Super Guppy (ursprünglich Very Pregnant Guppy = Hochschwangere Guppy genannt). Und schließlich wurde seit 1970 die Version SGT-201 der Super Guppy mit Propellerturbinen ausgeliefert.

Dank der erhöhten Triebwerksleistungen konnten große Lasten bis zu 25 Tonnen transportiert werden.

Nach dem Ende des Apollo-Programms verkaufte die NASA ihre Turbo Guppys an Aerospatiale, wo sie noch eine gewisse Zeit lang dem Transport von Airbus-Komponenten dienten. Später kaufte die NASA einen dieser Transporter für das ISS-Programm wieder zurück.

Super Guppy im Landeanflug

Die Bugsektion kann zur Beladung weggeklappt werden.

Modell:	*Boeing B-377 SGT-201*
Herkunftsland:	*USA*
Spannweite:	*47,61 m*
Länge:	*46,84 m*
Antrieb:	*vier Allison 501 D22C Propellerturbinen mit je 3610 kW*
Reisegeschwindigkeit:	*460 km/h*
Reichweite:	*813 km*
Gipfelhöhe:	*7620 m*

Airbus A300-600 ST „Beluga"

Nachdem dem europäischen Flugzeugbauer Airbus Industries die Super Guppys, die man aus den USA erworben hatte, zu klein geworden waren, entwickelte man für den Transport großer Rumpfsegmente und anderer Großteile einen eigenen Schwerlast-Transporter auf der Basis des A300-600. Da man sich auch vom Namen her von den niedlichen Guppys unterscheiden wollte, gab man den Spezialmaschinen der Modifikation A300-600 ST (ST stand für Super Transporter) den Namen Beluga – eine angesichts der Form des Flugzeugs recht zutreffende Bezeichnung. Lediglich fünf Belugas wurden bisher gebaut, die nahezu ausschließlich für Airbus Industries fliegen.

Eine Beluga im Landeanflug

Auf dem internationalen Markt wurde der Transporter so gut wie nicht angeboten; entweder weil man das Marktsegment nicht für ausreichend groß hielt oder weil man eventuellen Konkurrenten diese konkurrenzlose Transporttechnologie nicht ausliefern wollte. **Die Beluga kann 47 Tonnen Last befördern. Der Laderaum hat ein Volumen von 1400 Kubikmetern. Dabei hat der Rumpf einen Durchmesser von 7,40 Metern.**

Die Beluga ist der derzeit größte Transporter für Airbus-Teile.

Eine Zeit lang dachte man bei Airbus über die Entwicklung eines noch größeren Transporters auf der Basis des Airbus A340 nach, doch hat man sich schließlich entschlossen, die Teile für den A380 nicht durch die Luft, sondern per Schiff oder auf der Straße zu befördern.

Modell:	*Airbus A300-600 ST*
Herkunftsland:	*EU*
Spannweite:	*44,84 m*
Länge:	*56,15 m*
Antrieb:	*zwei GE CF6-80C2A8 Turbofans mit je 233–282 kN Schub*
Reisegeschwindigkeit:	*780 km/h*
Reichweite:	*1667–4632 km*
Gipfelhöhe:	*10.670 m*

Iljuschin Il-76

Der sowjetische Flugzeugbau hatte seit den Tagen der ANT-20 „Maxim Gorki" einen guten Ruf in der Welt, was den Bau von Großflugzeugen betraf. Namentlich der Bedarf der Roten Armee gab immer wieder Anlass, größere und leistungsfähigere Transportflugzeuge zu konstruieren. Mit der Iljuschin Il-76 vollzog der sowjetische Flugzeugbau den **Übergang von der Propellerturbine zum Luftstrahlantrieb bei Großtransportflugzeugen.**

Entwickelt wurde die Il-76 seit 1969 vom Iljuschin-Generalkonstrukteur Nowoshilow: Am 25.3.1971 flog der Prototyp zum ersten Mal und schon zwei Monate später wurde die Maschine auf dem Pariser Luftfahrtsalon der Öffentlichkeit vorgestellt.

Von den etwa 700 bis 1992 gebauten Serienmaschinen flogen nicht nur zahlreiche Exemplare in den befreundeten und verbündeten Staaten, sondern auch in der Schweiz und in Großbritannien.

1975 errang eine Serienmaschine mehrere Weltrekorde: so **einen Höhenrekord (11.875 m mit 70 Tonnen Nutzlast)** und **einen Geschwindigkeitsrekord (5000 km bei 40 Tonnen mit einer Geschwindigkeit von 816 km/h)**.

Die Il-76 kann **auf unbefestigten Plätzen und sogar auf nassem Grund operieren** und **innerhalb von 40 Minuten be- oder entladen werden**. Die übliche Nutzlast beträgt 48 Tonnen.

Verschiedene Spezialversionen machten von sich reden: so als Tanker, der drei Jagdbomber Su-24 gleichzeitig in der Luft betanken kann, als Löschflugzeug, als Frühwarnsystem, als Spezialflugzeug für die Kosmonautenausbildung oder als Versuchsträger für Triebwerke.

Eine Il-76 im Landeanflug

Die Crew der Il-76 bei der Arbeit

Der Laderaum der Il-76

Modell:	Iljuschin Il-76
Herkunftsland:	UdSSR
Spannweite:	50,50 m
Länge:	49,30 m
Antrieb:	vier Solowjew D30KP mit je 117,7 kN Schub
Höchstgeschwindigkeit:	975 km/h
Reichweite:	5000 km
Gipfelhöhe:	13.000 m

Antonow An-22

Als die Antonow An-22 am 27.2.1965 zu ihrem Erstflug abhob, war sie **das größte Flugzeug ihrer Zeit**. Nicht umsonst gab man ihm den **Beinamen „Antaeus"** – nach dem Riesen aus der griechischen Sage, der bei jeder Berührung mit der Erde wieder neue Kraft sammelte. **Es ist bis heute das größte je in Serie gebaute Propellerflugzeug geblieben.**

Die An-22 wurde als strategischer Schwertransporter für die sowjetischen Streitkräfte entwickelt – und auch überwiegend so eingesetzt, selbst wenn die meisten Flugzeuge in ziviler Bemalung und Kennzeichnung der Aeroflot auftraten.

Ihre Nutzlast (von regulär 80 Tonnen) übertraf noch die Rüstmasse der gewiss nicht zierlichen Il-76. **Beim Testflug am 26.10.1967 stellte die An-22 mit 100.444 kg Nutzlast einen Weltrekord auf.** Für militärische Transporte konnten beispielsweise zwei gefechtsklare Panzer T-55 aufgenommen werden. Die Heckrampe war hydraulisch ausfahrbar; zwei Laufkatzen im Inneren der Kabine erleichterten Be- und Entladearbeiten.

In der Fachpresse las man in den Siebzigerjahren von der Absicht, die An-22 zu einem Passagierflugzeug mit über 700 Sitzplätzen zu modifizieren; dieses Projekt wurde nie realisiert. Jedoch befand sich unmittelbar hinter dem Cockpit eine Kabine für maximal 29 Passagiere bzw. das Frachtraumpersonal. Insgesamt wurden 68 Maschinen gebaut, von denen einige heute immer noch in Russland und in der Ukraine im Einsatz sind.

Im Technikmuseum Speyer ist eine Maschine des Typs An-22 nicht nur zu besichtigen, sondern auch zu begehen.

Rumpfsektion und Hauptfahrwerk der An-22

Das Cockpit der An-22

Modell:	*Antonow An-22*
Herkunftsland:	*UdSSR*
Spannweite:	*64,40 m*
Länge:	*57,50 m*
Antrieb:	*vier NK-12 MA Propeller-turbinen mit je 11.030 kW*
Höchstgeschwindigkeit:	*740 km/h*
Reichweite:	*9000 km*
Gipfelhöhe:	*10.000 m*

Antonow An-124 „Ruslan"

Bis zum 26.12.1982 war die Lockheed C-5 Galaxy das größte Flugzeug der Welt. Doch an diesem Tag stieg die An-124 aus dem Konstruktionsbüro Antonow zu ihrem Erstflug auf und **löste die Galaxy an der Spitzenposition der größten fliegenden Riesen ab**. Für den Transport großer Fahrzeuge und sperriger Lasten vorgesehen, könnte man sie als Fortsetzung der An-22 mit den Mitteln des Luftstrahlantriebs bezeichnen.

Der Hauptfrachtraum ist 36,5 m lang, 6,4 m breit und 4,4 m hoch. **In seinen rund 1000 Kubikmetern Volumen können Lasten bis zu 150 Tonnen gestaut werden.**

Zwei Zehn-Tonnen-Kranpaare und zwei Drei-Tonnen-Winden erleichtern die Ladearbeiten. Über dem Hauptfrachtraum befindet sich eine Kabine für bis zu 88 Passagiere; außerdem gibt es einen Schlaf- und Aufenthaltsraum für die Austauschbesatzung. Denn seit der militärische Verwendungszweck nach dem Ende der Sowjetunion in den Hintergrund trat, sind die Ruslans oft wochenlang im Charterdienst unterwegs, ohne ihren Heimatflughafen anzusteuern.

21 Weltrekorde erflog die An-124 allein 1985 **und 1987 erreichte sie einen weiteren Streckenrekord von 20.150,921 km in 23 Stunden, 30 Minuten.**

Auch der Rekord für die größte jemals transportierte zusammenhängende (d. h. aus einem Teil bestehende) Luftfracht gehört ebenfalls einer An-124: ein Siemens-Kraftwerksgenerator, der von Düsseldorf nach Neu-Delhi geflogen wurde.

Über die aufklappbare Bugsektion wird die Ruslan beladen.

Blick in den geräumigen Laderaum der An-124

Modell:	*Antonow An-124*
Herkunftsland:	*UdSSR*
Spannweite:	*73,60 m*
Länge:	*69,50 m*
Antrieb:	*vier Lotarew D-18 T Turbofans mit je 229,5 kN Schub*
Höchstgeschwindigkeit:	*910 km/h*
Reichweite:	*16.500 km*
Gipfelhöhe:	*12.000 m*

Antonow An-225 „Mrija"

Das **Transportflugzeug der Superlative** schlechthin ist seit den 1990er-Jahren die Antonow An-225. Sie flog am 21.12.1988 zum ersten Mal und erreichte bis zum Abschluss der Erprobungsphase am 22.3.1989 **insgesamt 109 Weltrekorde**. Schließlich war die An-225 mit 508,2 Tonnen das **Flugzeug mit der größten Startmasse, das sich bis dahin jemals in die Luft erhoben hatte**, und auch die beförderte Nutzlast stellte mit 165,4 Tonnen eine neue Weltbestleistung dar.

Die An-225 hat den gleichen Rumpfquerschnitt wie die An-124, aus der sie entwickelt wurde; der Rumpf wurde aber verlängert und das Leitwerk komplett neu konstruiert. Die Spannweite wurde um 15,10 m vergrößert, der Mittelflügel neu gestaltet und je ein zusätzliches Triebwerk unter den Tragflächen angebracht. Damit war die An-225 nun in der Lage, den eigentlichen Zweck ihres Daseins zu erfüllen: den Transport der sowjetischen Raumfähre Buran.

Im Mai 1989 begannen die Flüge mit der Buran auf dem Rücken – nach der Einstellung des sowjetischen Raumfährenprogramms gab es nun ein Transportmittel, das einer neuen Bestimmung harrte und das für Schwertransporte gechartert werden konnte.

Heute wird die Antonow An-225 „Mrija" für die größten Schwerlasttransporte im internationalen Charterverkehr eingesetzt. Bei einer solchen Gelegenheit erreichte das „Superflugzeug" einen neuen Rekord: 2004 brachte es **247 Tonnen Ölpipeline-Ausrüstung** von Prag nach Taschkent. Das war **die schwerste jemals in einem Flugzeug transportierte Luftfracht.**

Bis Mitte 2008 gab es die An-225 nur einmal; ein zweites Exemplar war unfertig in Kiew eingelagert und soll auf Beschluss der ukrainischen Regierung nun vollendet werden.

Die drei Triebwerke unter der linken Tragfläche der Mrija

Der Superlativ unter den Transportflugzeugen: die An-225

Entladung schwerer Lasten aus dem „Bauch" der Mrija

Modell:	Antonow An-225
Herkunftsland:	UdSSR
Spannweite:	88,40 m
Länge:	84,00 m
Antrieb:	sechs Lotarew D-18 T Turbofans mit je 230 kN Schub
Höchstgeschwindigkeit:	850 km/h
Reichweite:	2400–14.500 km
Max. Zuladung:	250 t

Lockheed C-130 „Hercules“

Die Entwicklungsarbeiten an der C-130 begannen 1951, nachdem das Taktische Luftwaffenkommando Nachfolgemuster für die veralteten Kolbenmotorflugzeuge gefordert hatte. Die neuen Maschinen sollten von Propellerturbinen angetrieben werden, von unbefestigten Plätzen aus operieren können, mussten eine große Heckladerampe haben usw. Der Entwurf von Lockheed, dessen Prototyp am 23.8.1954 erstmals flog, erwies sich als so erfolgreich, dass er auch nach mehr als 50-jähriger Dienstzeit von Ersatz- und Nachfolgemustern noch nicht verdrängt werden konnte.

Die Effektivitätsrechnung sah bei der Truppeneinführung 1956 so aus: Drei C-130 Hercules ersetzen fünf C-54 und acht C-47. Im Lauf der Bauzeit entstanden 2200 Maschinen in über 50 Versionen; die neueste Ausführung C-130J bekam 1998 ihre Typzulassung.

Neben den klassischen Transportaufgaben wurde die C-130 in zahlreichen Spezialmissionen eingesetzt und entsprechend modifizierte Versionen gebaut: Tankflugzeuge, Maschinen zur Wetterbeobachtung und zur Brandbekämpfung, Flugzeuge für Rettungsmissionen, Versionen für die elektronische Kampfführung, gestreckte Versionen und Maschinen mit Starthilfsraketen. Die Version AC-130 kam als so genanntes Gunship als schwer bewaffnetes Nachtschlachtflugzeug im Vietnamkrieg gegen kommunistische Nachschubwege zum Einsatz. In den USA werden über 600 C-130-Transporter verwendet; außerdem ist eine gestreckte Version für den Zivilverkehr im Einsatz.

Wahrscheinlich ist die Hercules in ihren vielen Versionen das am weitesten verbreitete und am vielseitigsten verwendete Flugzeug ihrer Klasse.

Die Lockheed AC-130 U – als sogenanntes Gunship und Waffenplattform

Eine C-130 bei einem Löscheinsatz

Modell:	*Lockheed C-130 H*
Herkunftsland:	*USA*
Spannweite:	*40,41 m*
Länge:	*29,79 m*
Antrieb:	*vier Allison T-56 A-15LFE Propellerturbinen mit je 3362 kW*
Höchstgeschwindigkeit:	*650 km/h*
Reichweite:	*3600 km*
Gipfelhöhe:	*10.060 m*

Lockheed C-5 „Galaxy"

Der vierstrahlige freitragende Schulterdecker war **seit seinem Erstflug am 30.6.1968 bis 1982 das größte Flugzeug der Welt**. Im Unterschied zum konkurrierenden Entwurf von Boeing, aus dem später die 747 entstand, hatte die Galaxy von Anfang an die Möglichkeit, mit **zwei durchgehenden Decks** betrieben zu werden. Der ungeteilte Frachtraum war 4,10 m hoch und 5,80 m breit. Zwei Kampfpanzer M-60 fanden darin Platz, drei zerlegte Hubschrauber C-47 konnten ebenfalls transportiert werden. Die maximale Nutzlast lag bei über 100 Tonnen.

Das Flugzeug konnte aber auch als Truppentransporter hergerichtet werden und 345 voll ausgerüstete Soldaten transportieren. Die C-5 wurde 1970 in Dienst gestellt, erfüllte aber zunächst die hoch gesteckten Erwartungen (besonders hinsichtlich der Reichweite mit hoher Zuladung) nicht. Schon nach 81 Serienmaschinen wurde der Bau 1972 vorläufig eingestellt.

Anfang der Achtzigerjahre wurde das Projekt wieder aufgenommen und vor allem das Tragwerk gründlich überarbeitet und zeitgemäße Avionik integriert. Der Erstflug der verbesserten Version C-5B erfolgte am 10.9.1985. Die noch verbliebenen Maschinen der älteren Version A wurden auf den neuen Standard nachgerüstet.

Als strategischer Nachschubtransporter hat sich die Galaxy inzwischen unentbehrlich gemacht. Durch weitere Modernisierungen soll die Lebensdauer der C-5-Flotte weiter verlängert werden, so dass man damit rechnen kann, dass sie noch bis etwa 2040 eine wichtige Rolle im militärischen Transportwesen der US-Streitkräfte spielen wird.

Eine C-5 Galaxy beim Überflug

Beladene LKWs rollen aus dem Laderaum einer Galaxy.

Modell:	Lockheed C-5 B
Herkunftsland:	USA
Spannweite:	67,88 m
Länge:	75,51 m
Antrieb:	vier General Electric TF39-GE-1C Turbofans mit je 183 kN Schub
Höchstgeschwindigkeit:	919 km/h
Reichweite:	5480–13.400 km
Gipfelhöhe:	10.895 m

Boeing C-17 Globemaster III

Interkontinentale Reichweite, Kurzstart- und landeeigenschaften (STOL), gegebenenfalls auf provisorischen Plätzen, Absetzen von Fracht und Fallschirmtruppen im Flug, hohe Zuverlässigkeit und Wartungsfreundlichkeit – das waren die Anforderungen, die das US-amerikanische Militär Ende der Siebzigerjahre an einen **neuen flexiblen Militärtransporter** stellte. Gedacht war dabei an einen Ersatz der C-141 Starlifter und an eine Ergänzung zur schweren C-5 Galaxy. 1981 bekam McDonnell-Douglas den Auftrag für die Produktion der C-17. Bei etwa gleicher Spannweite wie die C-141 betrug die maximale Nutzlast 77,5 Tonnen (gegenüber 42,5 Tonnen der C-141 und 131 Tonnen der C-5 Galaxy). Die Maschine erlebte am 15.9.1991 ihren Erstflug und wurde 1995 in Dienst gestellt. Die C-17 ist der dritte strategische Transporter, der den Beinamen Globemaster trägt – wie vor ihm die aus der Zeit der Berliner Luftbrücke als „Rosinenbomber" bekannte Douglas C-74 und die zwischen 1950 und 1974 eingesetzte Douglas C-124.

Modell:	*Boeing C-17*
Herkunftsland:	*USA*
Spannweite:	*51,74 m*
Länge:	*53,04 m*
Antrieb:	*vier Pratt & Whitney F117-PW-100 mit je 180 kN Schub*
Höchstgeschwindigkeit:	*850 km/h*
Reichweite:	*4480 km*
Gipfelhöhe:	*13.716 m*

Anflug in Sichtentfernung – eine Staffel Globemaster III

Die Boeing C-17, das dritte Flugzeug, das den Namen Globemaster trägt.

Kleine Flitzer

Bücker Bü 131 „Jungmann"

Die Firma Bücker Flugzeugbau wurde 1932 in Berlin-Johannisthal, neben dem damals sehr bekannten Flugfeld, gegründet und landete mit ihrem ersten Produkt, der Bü 131, gleich einen beachtlichen Wurf. Der in der ersten Version als konventioneller Doppeldecker in Holzbauweise (mit Aluminiumverkleidung und Stoffbezug) gebaute Zweisitzer erlebte seinen Erstflug am 27.4.1934. Die Maschine war als **Schulflugzeug** gedacht und wurde ein **großer kommerzieller Erfolg**, denn nicht nur in Deutschland lernte man in den Dreißigerjahren auf der Bücker-Jungmann das Fliegen, **in acht weiteren Ländern wurde dieses Flugzeug in zivilen Flugschulen und beim Militär geflogen und vielfach in Lizenz gebaut** – am häufigsten in Japan mit 1037 Exemplaren.

Die deutsche Luftwaffe setzte die Jungmann als Standard-Grundschulflugzeug ein. Die Version B wurde ab 1937 bereits mit stärkeren Motoren ausgestattet.

Die Weiterentwicklung Bü 133 Jungmeister wurde als Einsitzer entworfen und bekam einen stärkeren Siemens-Sternmotor. Damit war sie hervorragend für den Kunstflug konditioniert und wurde auch entsprechend verwendet.

Mittlerweile wird die Bücker Bü 131 B in Deutschland mit deutscher Typzulassung wieder nachgebaut – und zwar nach den originalen Plänen Carl Clemens Bückers und Anders J. Andersens. Statt des ursprünglichen Hirth-Motors wird heute der tschechische LOM-M 132 AK als Antriebseinheit verwendet.

Ein zweisitziger Klassiker: die Bü 131 Jungmann

Einst lernten Tausende darauf das Fliegen: die Bücker Jungmann als Gast einer Flugschau

Modell:	Bücker Bü 131
Herkunftsland:	Deutschland
Spannweite:	7,40 m
Länge:	6,40 m
Antrieb:	ein Hirth Reihenmotor HM 60 R mit 60 kW
Höchstgeschwindigkeit:	180 km/h
Reichweite:	680 km
Gipfelhöhe:	3500 m

Great Lakes 2T-1A-2

Die Great Lakes war **eines der bekanntesten und beliebtesten Sportflugzeuge der Dreißigerjahre**. Der zweisitzige Doppeldecker war kunstflugtauglich und wurde **von seinen Piloten als eines der besten Flugzeuge aller Zeiten gepriesen**. Anfang 1928 war die Great Lakes Aircraft Corporation als Nachfolger der Glenn L. Martin Company, Cleveland/USA gegründet worden und so konnte das erste Muster des Doppeldeckers bereits im Frühjahr 1928 starten.

Das Modell kam gut an und die Firma konnte sehr viele Vorbestellungen vermerken, aber 1929 brach die Nachfrage im Gefolge der Weltwirtschaftskrise ein. Auch ein verbessertes Modell mit stärkerem Motor vermochte 1931 das Blatt nicht mehr zu wenden. Bis 1933 konnten noch 200 Maschinen produziert werden, dann wurde die Produktion eingestellt.

Nach dem Zweiten Weltkrieg waren die rar werdenden Flugzeuge dieses Typs **gefragte Kult-Objekte**. Wie es mit Kult-Objekten so geht: Sammler und Enthusiasten spürten nicht nur die vereinzelten Exemplare auf, sondern erwarben auch Produktionsunterlagen und Markenrechte.

Ab 1972 wurden Pläne und Bausätze für Selbstbauer angeboten und ab 1974 dann die industrielle Fertigung der weitgehend originalgetreuen Nachbauten aufgenommen. 1977 wurde die Maschine nochmals leicht modifiziert. In der zweiten Bauserie wurden nochmals 150 Great Lakes hergestellt, bis Ende der Achtzigerjahre – wegen der hohen Produkthaftungsrisiken in den USA – die Fertigung eingestellt wurde.

War schon in den Dreißigerjahren beliebt: die kunstflugtaugliche Great Lakes

In den Siebzigerjahren wurde der Kult-Klassiker neu aufgelegt.

Modell:	Great Lakes 2T-1A-2
Herkunftsland:	USA
Spannweite:	8,13 m
Länge:	6,20 m
Antrieb:	ein Lycoming AEIO 360 B1G6 mit 134 kW
Höchstgeschwindigkeit:	212 km/h
Reichweite:	480 km

Cessna 150/152

1957 wandte sich die Firma Cessna mit dem Typ 150 erneut dem Bau von leichten zweisitzigen Flugzeugen zu und schuf einen **sehr erfolgreichen Nachfolger der Cessna 140 von 1947.**

Die 150 galt in ihrem Flugverhalten als sehr gutmütig; sie wurde in großem Umfang als **Schulflugzeug** eingesetzt – **sie gilt weltweit als das Flugzeug, das am häufigsten zur Pilotenausbildung verwendet wurde.**

Mit über 27.000 gebauten Exemplaren der Baureihe 150 und der weiterentwickelten Baureihe 152 dürfte dieser Hochdecker mit Bugradfahrwerk **das populärste zweisitzige Flugzeug sein, das jemals gebaut wurde.**

Nicht nur in Amerika wurde das Flugzeug ein Erfolg; auch in Europa traf es den Geschmack des flugwilligen und zahlungskräftigen Publikums: Reims Aviation in Frankreich erwarb 1977 eine Lizenz und fertigte die 150/152 insgesamt 1754-mal.

Modell:	*Cessna 152*
Herkunftsland:	*USA*
Spannweite:	*9,97 m*
Länge:	*7,34 m*
Antrieb:	*ein 4-Zylinder-Boxermotor Lycoming O-235-L2C mit 82 kW*
Höchstgeschwindigkeit:	*104 km/h*
Reichweite:	*1280 km*
Gipfelhöhe:	*4500 m*

Die Cessna 150 ist das am weitesten verbreiteste Schulflugzeug.

Die Cessna 152, zusammen mit der Cessna 150 der beliebteste Zweisitzer

Cessna 172 „Skyhawk"

Als Nachfolgemodell des seit 1947 gebauten viersitzigen Reiseflugzeugs 170 brachte Cessna 1955 den Typ 172 heraus. Der abgestrebte Hochdecker **avancierte schnell zu einem der beliebtesten Privat- und Reiseflugzeuge in der Allgemeinen Luftfahrt**. Mit weit über 35.000 Einheiten bis zum Produktionsende 1983 (davon allein 2144 bei Reims Aviation als Lizenzbau für Europa) dürfte die 172 **auch zu den meistverkauften und am weitesten verbreiteten Fluggeräten gehören**.

Im Laufe der Bauzeit wurde die Maschine ständig verbessert. Neben der zivilen Luftfahrt nutzen auch die Streitkräfte in den USA und verschiedenen anderen Ländern die Skyhawk als Schul-, Übungs- und Verbindungsflugzeug sowie für SAR-Einsätze und Kontrollaufgaben. Schul- und Übungsflugzeuge dieses Typs wurden unter anderem nach Ekuador, Griechenland, Peru, Saudi Arabien und Laos geliefert und in Pakistan in Lizenz gebaut.

Seinen bekanntesten Auftritt hatte der Typ, als der deutsche Pilot **Matthias Rust 1987** mit einer 172 B unerlaubt in die Sowjetunion einflog, die gesamte sowjetische Luftabwehr düpierte und **auf dem Roten Platz vor den Toren des Kremls landete**.

Modell:	*Cessna 172*
Herkunftsland:	*USA*
Spannweite:	*11,00 m*
Länge:	*8,20 m*
Antrieb:	*ein Continental O-300-C mit 107 kW*
Höchstgeschwindigkeit:	*223 km/h*
Reichweite:	*1160 km*
Gipfelhöhe:	*3990 m*

Cessna 172 Skyhawk, eines der beliebtesten Privat- und Reiseflugzeuge der Allgemeinen Luftfahrt

Bede BD 5J „Freedom Jet"

Die Freedom-Jet gilt als das **kleinste strahlgetriebene Flugzeug**, als das es im Guinness-Buch der Rekorde 2005 anerkannt wurde.

Weltbekannt wurde es durch den James-Bond-Film „Octopussy" – viele Zuschauer nahmen vielleicht an, es handele sich bei dem im Film gezeigten **Kleinstflieger** um eine Attrappe, die mittels Tricktechnik in die Luft gebracht wurde. Aber die BD 5J gab es wirklich und sie konnte auch fliegen – sogar mit einer Reisegeschwindigkeit von 480 km/h.

Entwickelt wurde die Freedom Jet aus der propellergetriebenen Version. Für die ursprüngliche BD 5 hatte der Konstrukteur Jim Bede zunächst einen Schneemobil-Motor vorgesehen, der einen Schubpropeller antrieb, bis dann doch ein 40-kW-Hirth-Motor verwendet wurde. Die Propeller-Version wird auch als Bausatz zum Selbstbau vertrieben.

Für die strahlgetriebene Version BD 5J wurde die Spannweite verkleinert und ein Düsenaggregat von Microturbo eingebaut. Haupteinsatzzweck der kleinen Düsenflitzer ist namentlich die Beteiligung an Airshows.

Die **Freedom Jet** kommt mit **550 m Startstrecke und 300 m Landestrecke** aus. Die Steigrate der Maschine liegt bei 731 m pro Minute. Als SMART-1 „Freedom Jet" werden die Mikro-Jets sogar militärisch verwendet.

Das übersichtliche Cockpit der Bede BD 5J

Keine Attrappe, sondern ein reales Flugzeug: Bede BD 5J

Modell:	Bede BD 5J
Herkunftsland:	USA
Spannweite:	5,18 m
Länge:	3,88 m
Antrieb:	ein Microturbo TRS 18-1 mit 1,44 kN Schub
Höchstgeschwindigkeit:	515 km/h
Reichweite:	520 km
Gipfelhöhe:	7925 m

Piper PA 23 „Apache"

Die PA 23 war der erste zweimotorige Viersitzer des Herstellers Piper. Und sie war die erste in einer Reihe von „Indianern", denen später auch noch Cherokee, Navajo, Cheyenne und andere folgen würden.

Als Piper 1948 die Firma Stinson Aircraft übernahm, fielen ihr auch Entwürfe und Designstudien für ein zweimotoriges viersitziges Reiseflugzeug zu. Piper überarbeitete den Entwurf und ließ 1952 den ersten Prototyp 23-01 erproben. Die Flugleistungen mit den eingesetzten 93-kW-Lycoming-Motoren befriedigten nicht, so dass daraufhin 110-kW-Motoren verwendet wurden.

Das zuvor starre Dreipunktfahrwerk wurde durch ein Einziehfahrwerk ersetzt und das doppelte Seitenleitwerk von einem konventionellen Leitwerk abgelöst. Das überarbeitete Modell erlebte am 2.3.1952 seinen Erstflug; die Erprobung verlief erfolgreich und die Produktion begann 1954. Den ersten Versionen (PA 23-150 und PA 23-160 von 1958) folgten die Versionen Apache G und H (mit einem dritten Kabinenfenster).

Als Weiterentwicklung ging 1958/59 die PA 23-250 mit der „Stammesbezeichnung" Aztec in Serie. Das nun sechssitzige Flugzeug wurde von zwei 185 kW starken Sechszylindermotoren O-540s angetrieben. **Die Maschine galt lange Jahre als Standard unter den zweimotorigen Leichtflugzeugen.**

Militärisch wurden diese Flugzeuge, die auf Wunsch auch mit Autopilot ausgestattet werden konnten, von der US Navy unter der Bezeichnung UO-1 bzw. nach dem Wechsel der Bezeichnungen als U-11a betrieben und überwiegend als Verbindungsflugzeuge und für Kontrollaufgaben eingesetzt.

Frontansicht der PA 23

Vergleichsweise einfach und übersichtlich wurden die Bordinstrumente für die Piloten der PA 23 konstruiert.

Modell:	Piper PA 23
Herkunftsland:	USA
Spannweite:	11,28 m
Länge:	8,27 m
Antrieb:	zwei Avco Lycoming O-320-B mit je 119 kW
Reisegeschwindigkeit:	278 km/h
Reichweite:	2027 km
Gipfelhöhe:	7300 m

Piaggio P-180 „Avanti"

Der italienische Hersteller Piaggio S.p.A. in Genua, bekannt vor allem dank des 1946 von ihm kreierten Motorrollers „Vespa", kündigte 1983 an, gemeinsam mit der Firma Gates Learjet ein neues Reiseflugzeug zu bauen, das GP-180 Avanti heißen sollte. Ziel war die Entwicklung eines neuartigen propellergetriebenen Geschäfts- und Reiseflugzeugs, dessen Flugleistungen mit denen der Jets konkurrieren konnten und das dennoch die Wirtschaftlichkeit eines Turboprop-Flugzeugs behielt.

Seitenansicht der P-180 mit Schubpropellern und Entenflügeln am Flugzeugbug

Schon 1986 trennte sich Gates von dem Projekt und Piaggio baute das Flugzeug (jetzt als P-180) allein weiter. Am 23.10.1986 startete die Avanti zum Erstflug, die ersten Serienmaschinen folgten am 29.1.1990 und im Oktober bekam der Typ die Zulassung des US-Luftfahrtamtes.

Der Mitteldecker mit trapezförmigen Tragflächen wird von zwei Schubpropellern angetrieben. Die gepfeilten Höhenflossen des T-Leitwerks und die beiden Canards am Bug bilden die weiteren Auftriebsflächen. Aus der Kombination von konventionellen Höhenrudern, Canards und Landeklappen ergeben sich **ausgezeichnete Start- und Landeeigenschaften**. Und **mit einer Höchstgeschwindigkeit von 732 km/h drang die Avanti**, die ihren Beinamen zu Recht erhielt, tatsächlich **in Jet-Dimensionen vor**.

Der Absatz dieses futuristisch wirkenden Flugzeugs verlief schleppend. Bis 2006 wurden 110 Einheiten ausgeliefert.

Eine P-180 Avanti rollt zum Start

Modell:	Piaggio P-180
Herkunftsland:	Italien
Spannweite:	13,84 m
Länge:	14,17 m
Antrieb:	zwei Pratt & Whitney PT6A-66 mit je 634 kW
Höchstgeschwindigkeit:	732 km/h
Reichweite:	2595 km
Gipfelhöhe:	12.500 m

EADS Socata TBM 850

Im Jahr 2004 kündigte EADS ein neues Flugzeug seiner Tochter Socata an, die seit Jahren einen guten Stand im Markt der Geschäfts- und Reiseflugzeuge hat. Mit der TBM 850 VFT wurde die Entwicklungsreihe der TBM 700 fortgesetzt, auf deren sechssitziger Druckkabine die Neuentwicklung beruht. Nach dem Erstflug des Prototyps im Februar 2005 startete am 23.1.2006 die erste Serienmaschine. **Der Vorzug dieses modernsten Turbopropflugzeugs aus dem EADS-Konzern ist seine hohe Wirtschaftlichkeit und Flexibilität.**

Die ersten Kunden lobten die Möglichkeit, von sehr kurzen Pisten aus zu operieren, und zwar mit geringeren wetter- und gewichtsbedingten Einschränkungen gegenüber zweimotorigen Turboprops oder zweistrahligen Jets.

Modell:	*EADS Socata TBM 850*
Herkunftsland:	*Frankreich*
Spannweite:	*12,68 m*
Länge:	*10,65 m*
Antrieb:	*Pratt & Whitney Canada PT6A-66D mit 705 Wellen-kW*
Reisegeschwindigkeit:	*592 km/h*
Reichweite:	*2815 km*
Gipfelhöhe:	*9450 m*

Learjet 23

William P. Lear entwickelte seinen Geschäftsreise-Jet aus einem ursprünglich schweizerischen Entwurf. Vorangegangen war nämlich Hans Luzius Studers Entwurf für das Kampfflugzeug FFA P-16, das für die Schweizer Flugwaffe entwickelt, aber letzten Endes doch nicht vom Militär geordert worden war. Wesentliche aerodynamische Grundzüge, zum Beispiel das Tragwerk, wurden aus Studers militärischem Entwurf in die spätere Learjet 23 übernommen, die am 7.10.1963 ihren Erstflug absolvierte. Das Flugzeug sollte in der Schweiz als SAAC-23 von der Swiss-American Aircraft Corporation (gegründet von William P. Lear) gebaut werden, doch wurde die Produktion der besseren Marktchancen wegen in die USA verlegt.

Die Learjet 23 gilt heute als die „Mutter aller Geschäftsreise-Jets". Sie war nicht nur die erste ihrer Art, sie hat auch die Konzepte aller anderen Firmen, die in diesem Segment tätig wurden, nachhaltig geprägt.

Die Mutter aller Geschäftsreise-Jets: Learjet 23, hervorgegangen aus einem Schweizer Militärflugzeug

Modell:	*Learjet 23*
Herkunftsland:	*USA*
Spannweite:	*10,84 m*
Länge:	*13,18 m*
Antrieb:	*zwei Turbojets General Electric CJ610-4 mit je 12,7 kN*
Höchstgeschwindigkeit:	*860 km/h*
Reichweite:	*2660 km*
Gipfelhöhe:	*15.545 m*

Learjet 23 für vier bis sechs Passagiere

Colomban CriCri

Was auf den ersten Blick aussieht wie ein groß geratenes Flugmodell, ist das kleinste (und gleichzeitig billigste) zweimotorige Flugzeug der Welt. Auch in Deutschland ist die kleine Maschine, deren Name übersetzt „Grille" bedeutet, als Zweimotorige mit weniger als 2000 kg Abflugmasse zugelassen. Ursprünglich wurde die „Grille" von zwei 9 PS starken Rasenmähermotoren angetrieben, die bei der Weiterentwicklung zur MC-15 durch 15 PS starke Aggregate ersetzt wurden.

Modell:	*Colomban CriCri MC-15*
Herkunftsland:	*Frankreich*
Spannweite:	*4,90 m*
Länge:	*3,90 m*
Antrieb:	*zwei Zweitakt-JPX-Motoren mit je 11 kW (15 PS)*
Höchstgeschwindigkeit:	*280 km/h*
Reichweite:	*400 km*
Gipfelhöhe:	*5000 m*

CriCri neben einem Triebwerk der Boeing 747

Flugboote – zu Wasser, zu Lande und in der Luft

Dornier Do J „Wal"

Dornier ließ in den Zwanzigerjahren, um die Beschränkungen des Versailler Vertrages zu umgehen, **eines der erfolgreichsten Flugboote aller Zeiten**, die Do J Wal, in einer eigens in Pisa, Italien, gegründeten Fabrik fertigen.

Zuvor hatte er den Prototyp eines Passagierflugbootes, das im Juli 1919 erstmals geflogen war, auf Befehl der Alliierten versenken müssen. Auch für eine Weiterentwicklung, ein neunsitziges Verkehrsflugboot, erließen die Alliierten ein Bauverbot. Die Erfahrungen mit den beiden verhinderten Konstruktionen gingen aber in den Wal ein, der am 6.11.1922 zum ersten Mal flog. Etwa 150 der insgesamt 300 Wale wurden in Italien gebaut; einer der ersten Abnehmer war die spanische Marine.

Die Wale wurden den Wünschen der Kunden hinsichtlich Ausstattung, Motorisierung, aber auch Längen und Spannweiten (differierten zwischen verschiedenen Versionen um mehr als viereinhalb Meter) weitgehend angepasst, so dass es „den" Wal eigentlich gar nicht gab. **Über 20 Versionen** sind bekannt geworden, darunter auch militärische.

Wolfgang von Gronau flog Ende August 1930 mit einem Wal die Route über Island, Grönland, New York nach Chicago – die **erste Ost-West-Überquerung des Atlantiks mit einem Flugboot**.
1934 wurde der Südatlantik-Postdienst mit Walen aufgenommen, die von ihren Mutterschiffen „Westfalen" und „Schwabenland" per Katapult gestartet wurden.

Ein Wal vor der Kulisse New Yorks

Ein Wal, wo er sich am wohlsten fühlt – in Schnee und Eis

Modell:	*Dornier Do J II d 16a Bis Wal*
Herkunftsland:	*Deutschland*
Spannweite:	*22,50 m*
Länge:	*17,25 m*
Antrieb:	*zwei BMW VI Reihenmotoren mit je 470 kW auf je einen Schub- und Zugpropeller*
Höchstgeschwindigkeit:	*185 km/h*
Reichweite:	*1500 km*
Gipfelhöhe:	*3500 m*

Dornier Do X

Die Do X war **zum Zeitpunkt ihres Erstflugs am 12.7.1929 das bei weitem größte Flugzeug der Welt**. Die Bezeichnung „Flugboot" wäre für die Do X unangemessen gewesen, man darf sie wirklich Flugschiff nennen, denn die Passagiere – regulär 66 bis 100 Fluggäste konnten an Bord genommen werden – genossen auch in den Kabinen den Komfort eines Passagierschiffs der damaligen Zeit. Mit 159 Passagieren (überwiegend Werksangehörigen) und zehn Besatzungsmitgliedern errang die Do X am 21.10.1929 einen **Weltrekord für die Anzahl beförderter Passagiere**.

Am 5.11.1930 brach die Do X zu einem weltumrundenden Werbe- und Verkaufsflug auf. Bis zum 24.5.1932 dauerte die Tour. Die Do X vor der Skyline von New York oder vor dem Zuckerhut in Brasilien war ein beliebtes Postkartenmotiv, aber die Tour selbst zeitigte keinen Verkaufserfolg. **Die Do X war hinsichtlich ihrer Dimensionen ihrer Zeit einfach zu weit voraus.** Nur drei Maschinen wurden insgesamt gebaut, zwei davon gingen nach Italien.

Die deutsche Maschine mit der Kennzeichnung D-1929 wurde 1933 bei einem Landeunfall beschädigt. Dabei brach das Leitwerk am Heck ab. Anschließend wurde die Maschine nicht mehr repariert, sondern demontiert und eingelagert: Die Reste gingen im Zweiten Weltkrieg verloren. Das Schicksal der nach Italien gelieferten Maschinen ist ungeklärt; wahrscheinlich wurden sie nach irreparablen Beschädigungen schon 1935 verschrottet.

Eine der beiden italienischen Do X: die Umberto Maddalena

Der Schiffsrumpf der Do X in Bau

Modell:	*Dornier Do X*
Herkunftsland:	*Deutschland*
Spannweite:	*48,00 m*
Länge:	*40,10 m*
Antrieb:	*zwölf V-12-Zylinder Curtiss GV-1570 Conqueror mit je 470 kW auf sechs Schub- und Druckpropellerpaare in Tandemanordnung*
Höchstgeschwindigkeit:	*210 km/h*
Reichweite:	*1700 km*
Gipfelhöhe:	*3200 m*

Dornier Do 24

Die Do 24 wurde ab 1935 als hochseetaugliches Mehrzweckflugboot im Auftrag der niederländischen Regierung entwickelt. Der dreimotorige Hochdecker mit den charakteristischen Dornier-Flügelstummeln absolvierte im Frühjahr 1937 seinen Erstflug. Ausgestattet mit drei Wright Cyclone GR-1820 G Motoren mit je 560 kW ging erst die dritte Vorserienmaschine als X-1 an die Königliche Marine der Niederlanden. Elf weitere Serienmaschinen für den Einsatz in Ostindien/Indoniesien folgten. Mit der Besetzung der Niederlande durch die Wehrmacht 1940 fielen den Deutschen 25 fast fertige niederländische Lizenzbauten in die Hände, die fertig gestellt und während des Zweiten Weltkriegs überwiegend zu Aufklärungs-, Such- und Rettungsmissionen verwendet wurden. Lizenzbauten begannen 1944 auch in Spanien; nach der Befreiung Frankreichs fertigte man die Do 24 auf französischen Werften weiter. In Frankreich, Schweden und den Niederlanden diente das Flugboot den Marinen noch bis in die Sechzigerjahre, in Spanien und Indonesien sogar noch länger.

1982 wurde eine „überlebende" Do 24 zur Do 24 ATT (steht für: **A**mphibischer **T**echnologie-**T**räger) umgebaut, die nach 150 Flugstunden stillgelegt werden musste und erst 2002 auf den Philippinen wieder flugfähig gemacht wurde.

Im Zuge der Neugestaltung des Tragwerks wurden drei moderne Turboprop-Triebwerke installiert. Außerdem wurde ein einziehbares Fahrwerk eingebaut; die Do 24 war damit ein echtes Amphibium. **Der ATT ist das letzte flugfähige Exemplar der Do 24.**

Die alte Do 24 mit niederländischer Kennzeichnung

Die neue Do 24 als Amphibischer Technologie-Träger

Modell:	Dornier Do 24 ATT
Herkunftsland:	Deutschland
Spannweite:	30,00 m
Länge:	21,95 m
Antrieb:	drei Pratt & Whitney Canada PT6A-45 B mit je 827 kW
Reisegeschwindigkeit:	340 km/h
Startmasse an Land:	14.000 kg
Startmasse vom Wasser:	12.000 kg

Boeing 314 „Clipper"

Die Clipper-Flotte von großen Flugschiffen, die Boeing seit Ende der Dreißigerjahre für die US-amerikanische Gesellschaft PanAm baute, haben die **Kultur des Reisens in diesen Jahren nachhaltig geprägt**. Davon kann man sich heute noch überzeugen, wenn man alte Werbefilme der Fluggesellschaft für ihre Transpazifik-Verbindungen sieht. Dem Reisenden stand, wenn er sich eine Flugboot-Passage denn leisten konnte, nicht nur auf den Clippern selbst **jeder erdenkliche Komfort zur Verfügung**, sondern auch in den PanAm-eigenen Hotels entlang der Route, die bei den Zwischenlandungen der Entspannung und Erfrischung dienten.

Die erste Boeing 314 absolvierte ihren Erstflug am 7.6.1938. Doch die Freude, die Luxuspassagiere an den neuen Flugbooten hatten, währte nur kurz; mit dem Kriegseintritt der USA wurden die noblen PanAm-Clipper zu Truppen- und Nachschubtransportern umfunktioniert.

Der Dixie-Clipper (Kennzeichen NC 18605) diente einmal als Präsidentenmaschine und half Weltgeschichte zu schreiben; Franklin D. Roosevelt flog damit 1943 zur Casablanca-Konferenz. Auch der britische Premierminister Winston Churchill hat die Boeing-Clipper mehrfach benutzt.

Nach dem Krieg wurden die Clipper wieder an die PanAm zurückgegeben, aber inzwischen hatten sich die Verhältnisse im Weltluftverkehr gewandelt: Die Zeit der großen Verkehrsflugboote ging unwiderruflich zu Ende.

Die Passagier der PanAm NC 18602 besteigen ihren Clipper.

Die großen Flugschiffe brauchten keine aufwendig gebauten Flughäfen; ein Bootssteg genügte.

Modell:	Boeing 314
Herkunftsland:	USA
Spannweite:	46,33 m
Länge:	32,31 m
Antrieb:	vier Wright GR-2600 Twin Cyclone mit je 1194 kW
Reisegeschwindigkeit:	296 km/h
Reichweite:	5600 km
Gipfelhöhe:	4085 m

Consolidated PBY „Catalina“

Die Consolidated PBY Catalina – PB stand für „Patrol Bomber“ (Patrouillen-Bomber, das Y als Werksbezeichnung für Consolidated) – war **eines der wichtigsten Flugboote des Zweiten Weltkriegs**. Es wurde von der US Navy, der britischen Royal Navy und den sowjetischen Seefliegern eingesetzt. Überwiegend diente es als Seeaufklärer, zur U-Boot-Bekämpfung und für SAR-Missionen.

Die Catalina ging auf das zivile Flugboot Consolidated Modell 28 zurück. Der Erstflug des Prototyps erfolgte am 28.3.1935. Von den insgesamt bis 1945 entwickelten und gebauten sieben Serienversionen waren die PBY-5, von September 1940–Juli 1943, mit 684 Exemplaren und die Version PBY-5A, von Oktober 1941– Januar 1945, mit 802 Exemplaren die erfolgreichsten und meistproduzierten. Die PBY-5A mit einziehbarem Dreibeinfahrwerk, machte das Flugboot zu einem echten Amphibium. Die ursprüngliche geplante Bewaffnung der „Catalina“ bestand aus vier MGs 7,62 mm und einer Bombenzuladung bis 908 kg. 1936 schon wurde die Maschine in Dienst gestellt und **sie erfüllte ihre Aufgaben zuverlässig bis in die Siebzigerjahre**.

Bald nach Indienststellung fanden sich Interessenten aus aller Welt bei Consolidated ein. Großbritannien übernahm 700 Catalinas und die UdSSR stellte fest, dass sie von einem Lizenzbau für ihre Nordmeerflotte mehr hatte als von einer langwierigen Weiterentwicklung eigener Typen. Zusammen mit den Lizenzbauten Canso und Nomad (in Kanada) und GST (in der UdSSR) dürften insgesamt **4050 Catalinas entstanden** sein, die von **27 Nationen eingesetzt** worden sind.

Eine der traditionsreichen Catalinas im Museum

PBY-5A mit Einziehfahrwerk – ein echtes Amphibienflugzeug

Modell:	*Consolidated PBY-5A*
Herkunftsland:	*USA*
Spannweite:	*31,70 m*
Länge:	*19,46 m*
Antrieb:	*zwei Pratt & Whitney R-1830-92 Sternmotoren mit je 895 kW*
Höchstgeschwindigkeit:	*314 km/h*
Reichweite:	*4030 km*
Gipfelhöhe:	*4000 m*

Martin JRM „Mars"

Bei der Glenn Martin Company entstanden in den Dreißiger- und Vierzigerjahren Flugboote, die Luftfahrtgeschichte schrieben, denkt man etwa an die M-130-Clipper, die den Transpazifik-Verkehr umwälzten, oder an die Martin Mariner, die im Zweiten Weltkrieg eine Stütze der Marineflieger war. Mit der Mars entwickelte Martin ein Großflugboot, dessen Prototyp XPB2M-1R **bis zum Erscheinen des Bombers B-36 das größte Flugzeug der USA** blieb.

Sechs Einheiten wurden bis 1946 gebaut und nach bekannten pazifischen Inselgruppen benannt. Mit der Marshall Mars gelang Anfang 1950 ein **Rekordflug mit 308 Passagieren von Kalifornien nach Hawaii. Dieser Rekord** hinsichtlich der Anzahl beförderter Passagiere **wurde erst von der Boeing 747 übertroffen**.

Nach der Außerdienststellung verkaufte die Navy die verbliebenen vier Flugboote nach Kanada, wo sie zu Löschflugzeugen umgebaut wurden, die im Schwimmflug über der Wasseroberfläche bis zu 27.500 l Wasser aufnehmen und aus 50 Meter Höhe über einem 1,6 Hektar großen Geländestreifen absetzen konnten.

Die Marianas Mars ging 1961 bei einem Unfall und die Caroline Mars 1962 in einem Wintersturm verloren. Die beiden verbliebenen Hawaii und Philippine Mars sind noch heute – in ihrer weltbekannten rot-weißen Lackierung – im Einsatz und zugleich ein **Denkmal der Epoche der schwimmenden und fliegenden Giganten**.

Die Martin Mars Hawaii im Dienst der US Navy

Die Martin Mars Hawaii als Löschflugboot heute

Modell:	Martin JRM-3
Herkunftsland:	USA
Spannweite:	60,96 m
Länge:	35,74 m
Antrieb:	vier Doppelsternmotoren Wright R-3350-24WA mit je 1620 kW
Höchstgeschwindigkeit:	356 km/h
Reichweite:	8000 km
Gipfelhöhe:	4450 m

Short S.25 „Sunderland"

Die Sunderland-Flugboote zählen zu den Legenden der britischen Marinefliegerei und stehen stellvertretend für den britischen Beitrag zur amphibischen Luftfahrt. Die ersten Maschinen dies Typs wurden im Juni 1938 bei der Squadron 230 in Singapur in Dienst gestellt. Sie wurden zur Legende nicht zuletzt wegen der Luftschlacht, die sich eine einzelne Sunderland am 2.6.1943 über der Biscaya mit acht angreifenden deutschen Ju 88 lieferte; sechs Angreifer schoss die elfköpfige Crew der Sunderland ab, die beiden letzten suchten das Weite und die Sunderland kehrte schwer beschädigt und mit verwundeter Besatzung zu ihrem Stützpunkt zurück.

Entwickelt wurde die Sunderland aus dem Verkehrsflugboot S.23 Empire. Der militärische Prototyp flog erstmals am 16.10.1937. **Die Sunderland gilt als das beste britische Flugboot des Zweiten Weltkriegs.** Es wurde zur Seeaufklärung, U-Boot-Jagd und für Transport- und SAR-Missionen eingesetzt. Die Sunderlands mit ihrer großen Ladekapazität von neun Tonnen erwarben sich **große Verdienste während der Berliner Luftbrücke 1948/49**. Sie starteten in Hamburg-Finkenwerder an der Elbemündung und landeten in Berlin bei Lindwerder auf einem Havelsee. Sie transportierten überwiegend Salz; denn als Wasserflugzeuge waren sie besser isoliert als Landflugzeuge, bei denen ausrieselndes Salz schnell schwere Korrosionsschäden an der Struktur hinterließ. Die Einsätze während der Zeit der Berliner Luftbrücke sind die **einzigen bekannt gewordenen Operationen dieser Art mit Flugbooten im mitteleuropäischen Binnenland**.

Die Short Sunderland, das beste und kampfstärkste Flugboot der Briten im Zweiten Weltkrieg

Modell:	Short S.25 Mk. III Sunderland
Herkunftsland:	Großbritannien
Spannweite:	34,38 m
Länge:	26,00 m
Antrieb:	vier Bristol Pegasus XVIII 9-Zylinder-Sternmotoren mit je 794 kW
Höchstgeschwindigkeit:	336 km/h
Reichweite:	2850 km
Gipfelhöhe:	4880 m

Hughes H-4 „Hercules“

Als die deutschen U-Boote 1941/42 die Atlantik-Routen unsicher machten und die alliierten Schiffsverluste sich dramatisch häuften, gab die US Navy den Entwicklungsauftrag für ein großes Flugschiff für Truppen- und Nachschubtransporte, das den Schiffsverkehr entlasten und ergänzen sollte. Bedingung war, dass keine strategischen Rohstoffe wie Stahl oder Aluminium in nennenswertem Umfang verbaut werden durften. Daher kam für die H-4, finanziert und mitentwickelt von Howard Hughes, nur die Holzbauweise infrage. Das trug dem Flugschiff den Spitznamen „Spruce Goose“ (Fichtengans) ein, obwohl für die Struktur überwiegend Birkensperrholz verwendet wurde.

Der Krieg endete schneller, als die H-4 fertig gestellt wurde; Hughes ließ das Flugschiff dennoch auf eigene Rechnung zu Ende bauen. Seit 1947 ist umstritten, ob die „Spruce Goose“ überhaupt flugfähig war. Filmaufnahmen des Erstflugs vom 2.11.1947, bei dem sich das Flugschiff über eine Distanz von 1,5 km in ca. 20 Meter Höhe bewegte, lassen den Schluss zu, dass der Flug lediglich durch die Ausnutzung des Bodeneffekts zustande gekommen ist. Ob nun flugfähig oder nicht: **Die H-4 ist das Luftfahrzeug mit der größten Spannweite und der größten Flügelfläche, das je gebaut wurde.** Selbst der strategische Bomber B-36 und der moderne Airbus A 380 kamen und kommen mit geringerer Spannweite aus.

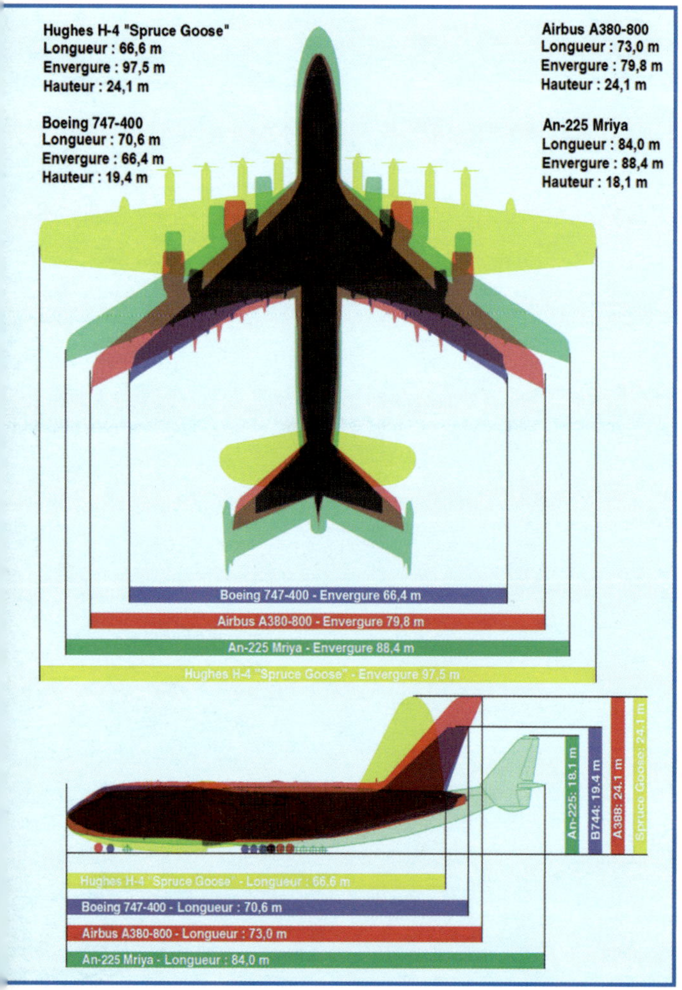

Vergleich der Spannweiten verschiedener Flugzeuge

Die H-4 bei ihrem ersten und einzigen Flugversuch 1947

Modell:	Hughes H-4
Herkunftsland:	USA
Spannweite:	97,51 m
Länge:	66,74 m
Antrieb:	acht Pratt & Whitney R4360-4A Sternmotoren mit je 2240 kW
Höchstgeschwindigkeit:	378 km/h (geplant)
Reichweite:	4827 km (geplant)
Gipfelhöhe:	6370 m (geplant)

Canadair CL-415

Obwohl die große Zeit der Großflugboote im internationalen Luftverkehr vorbei ist, erfordern spezielle Bedürfnisse und Anwendungszwecke in verschiedenen Regionen der Welt auch immer wieder den Einsatz amphibischer Luftfahrzeuge.

Ein solcher Einsatzzweck besteht in Löscharbeiten in unzugänglichem Gelände. So entwickelte die Firma Canadair (später im Bombardier-Konzern aufgegangen) seit 1966 mit der CL-215 **das erste speziell für die Bekämpfung von Waldbränden optimierte Löschflugzeug**, dessen Weiterentwicklung mit Turbopropantrieb die CL-415 ist. Die CL-415 absolvierte den Erstflug am 6.12.1993. Der Turbopropantrieb senkt die Betriebskosten des ansonsten wenig veränderten Flugzeugs und liefert 15 Prozent mehr Leistung als die ursprünglichen Kolbenmotoren.

Entstanden ist ein „dschungeltaugliches" Mehrzweck-Amphibienflugzeug. Als Wasserbomber kann es rund 6140 Liter Wasser im Tiefflug beim Überstreichen der Wasseroberfläche mittels eines ausfahrbaren Rüssels aufnehmen. Auch die Zuladung spezieller Chemikalien zur Brandbekämpfung ist möglich. Als Passagierflugzeug befördert es bis zu 30 Personen und als Transporter bis zu 4800 kg Fracht.

Betrieben wird die CL-415 von Kanada, Frankreich, Kroatien, Griechenland, Spanien, Italien und den USA. Unter den modernen Amphibienflugzeugen ist die CL-415 zurzeit das **einzige große Muster mit Propellerantrieb**.

Die CL-415 kann im Schwebeflug über Wasser ihre Wassertanks füllen.

Eine CL-415 im Anflug

Modell:	*Canadair CL-415*
Herkunftsland:	*Kanada*
Spannweite:	*28,61 m*
Länge:	*19,82 m*
Antrieb:	*zwei Pratt & Whitney Canada PW123AF Propellerturbinen mit je 1750 Wellen-kW*
Höchstgeschwindigkeit:	*377 km/h*
Reichweite:	*2443 km*
Gipfelhöhe:	*4500 m*

Berijew Be-200

Die Be-200 wurde ursprünglich als militärisches Amphibienflugzeug für Küstenüberwachung, U-Boot-Abwehr und für Verminungsmissionen projektiert. Es entstand als kleiner Ableger aus der A-40 bzw. Be-42 von Berijew. Die Be-200 hatte ihren Erstflug von Land aus am 24.9.1998, den ersten Start aus dem Wasser am 10.9.1999.

Sehr schnell stellte sich heraus, dass die Entwicklung zum Löschflugzeug (mit einer abwerfbaren Wasserlast von 12.000 kg) die erfolgversprechendste Version sein würde.

Die Be-200 kann ihre Wassertanks beim Schwimmflug über der Wasseroberfläche innerhalb von 18 Sekunden füllen. Zusätzlich können in der Kabine Chemikalien oder spezielle Löschmittel in sechs Zusatztanks mitgeführt werden.

Bei großen Waldbränden in Sumatra 2006 und in Griechenland 2007 hat die Be-200 bereits ihre beeindruckende Leistungskraft bewiesen. Für den Export in westliche Staaten wird die Be-200 mit Triebwerken Rolls-Royce BR-715 anstelle der russischen Progress-Triebwerke angeboten.

Die Maschine kann aber auch als Verkehrsflugzeug mit 32 (Business Class) bis 64 (Economy Class) Plätzen ausgestattet, als Frachter (8000 kg Zuladung) oder für den gemischten Fracht-/Passagiertransport ausgerüstet werden.

Berijew plant auch eine Version mit Druckkabine für 72 Passagiere (Be-210) sowie militärische Einsatzversionen als Seeüberwachungs-(Be-220) und Frühwarnflugzeug (Be-250).

Die Schaumgeborene: Eine Be-200 kommt aus dem Wasser.

Eine Be-200 beim Löscheinsatz

Modell:	Berijew Be-200
Herkunftsland:	Russland
Spannweite:	31,80 m
Länge:	32,20 m
Antrieb:	zwei Progress D-436TP Turbofans mit je 73,5 kN Schub
Höchstgeschwindigkeit:	710 km/h
Reichweite:	2100 km
Gipfelhöhe:	8000 m

Caproni Ca.60 Transaero

Die italienische Firma Caproni hatte während des Ersten Weltkriegs mit dem Bomber Ca.42, der als Dreidecker ausgelegt war, gute Erfahrungen gemacht. Damit habe man auch das Konzept für ein Großflugzeug, das auf transatlantischen Routen verkehren sollte, glaubte man.

Minderwertigkeitskomplexe waren nicht die stärkste Seite der italienischen Luftfahrt dieser Jahre. Je mehr Auftriebsfläche, desto besser, dachte man im Hause Caproni – und 836 Quadratmeter Flügelfläche (nur 10 Quadratmeter weniger als der A 380) klingen auch zunächst ganz beeindruckend, doch war diese Fläche auf drei Dreideckerflügel verteilt, die Ca.60 mithin ein Tripel-Dreidecker und die ganze Konstruktion nicht gerade das, was man unter Aerodynamikern als das Gelbe vom Ei bezeichnen würde. Mit „Transaero" wurde es jedenfalls nichts.

Am 4.3.1921 unternahm das Monstrum den Versuch eines Erstflugs auf dem Lago Maggiore; es erhob sich ein wenig aus dem Wasser, blieb im Bereich des Bodeneffekts und stürzte schließlich aus 20 Metern Höhe ab. Die beiden Testpiloten kamen ums Leben. Das Wrack wurde geborgen und in einen Hangar geschafft; es sollte wieder aufgebaut werden, doch der Gott der Luftfahrt hatte ein Einsehen, ließ einen Brand ausbrechen und die Reste einäschern.

Wenn es einen **Rekord für das am kläglichsten gescheiterte Großprojekt der Luftfahrt** gäbe, könnte sich die Ca.60 mit Sicherheit in die Rekordlisten eintragen lassen.

Sollte fliegen, konnte aber nicht: die Ca.60 Transaero

Modell:	*Caproni Ca.60*
Herkunftsland:	*Italien*
Spannweite:	*30,00 m*
Tragflügelfläche:	*836 m^2*
Länge:	*23,50 m*
Antrieb:	*acht Liberty L-12 V12-Motoren mit je 293 kW*
Höchstgeschwindigkeit:	*112 km/h (geplant)*
Reichweite:	*660 km (geplant)*

Die Transaero vor ihrem Flugversuch auf dem Lago Maggiore

Hubschrauber – Geht nicht gibt's nicht

Sikorsky H-5 (S-51)

Der Hubschrauber mit den vielen Bezeichnungen war **der erste seiner Art, der in großen Serien gefertigt und in wirklich großem Umfang eingesetzt wurde** und mehr war als eine luftfahrthistorische Randerscheinung. Als erster Hubschrauber bewährte er sich bei Rettungsmissionen: An der relativ schmalen Kabine konnten außen zwei Tragen befestigt werden; damit war es möglich, Verwundete direkt vom Gefechtsfeld zu bergen.

Die Entwicklung des H-5 begann, nachdem die Flugerprobung des Vorgängermodells R-4 erfolgreich verlaufen war.

Der erste Prototyp flog schon am 18.8.1943 zum ersten Mal. Im Februar 1945 wurden die ersten Vorserienmaschinen geliefert.

Aus der ersten Serienversion entwickelte Sikorsky 1946 die **viersitzige Zivilversion S-51** (Erstflug 16.2.1946), die ungeachtet ihrer zivilen Bestimmung auch vom Militär gern genutzt wurde.

49 Maschinen wurden (als R-5G) 1948 speziell für Rettungsmissionen ausgerüstet, 16 bekamen 1949 Schwimmer. Bei Westland in Großbritannien wurde der Hubschrauber in Lizenz gebaut.

Bei der USAF hieß der Hubschrauber bis 1948 R-5 (für Rotorcraft), danach H-5 (für Helicopter), bei der US Navy flog er als HO2S, zwei der US Coast Guard als HO3S, die zivile Version hieß S-51 und bei der Firma Vought-Sikorsky hatte er die Modell-Nummer VS-337. Und als Lizenzbau bekam er bei Westland die Bezeichnung WS-51.

Als Erster erfolgreich bei Rettungsmissionen: der H-5

Modell:	Sikorsky H-5
Herkunftsland:	USA
Rotorkreisdurchmesser:	14,60 m
Gesamtlänge:	17,40 m
Antrieb:	ein Pratt & Whitney R-985-AN-5 Sternmotor mit 336 kW
Höchstgeschwindigkeit:	171 km/h
Reichweite:	580 km
Gipfelhöhe:	4390 m

McDonnell-Douglas (Hughes) AH-64 Apache

Der Apache ist der wohl berühmteste Kampfhubschrauber der Welt. Entwickelt wurde er bereits in den frühen Siebzigerjahren von der Firma Hughes, die später von McDonnell-Douglas übernommen wurde, die wiederum später in Boeing aufging.

Der Prototyp YAH-64 flog erstmals am 30.9.1975. Während der darauf folgenden Flugerprobung setzte sich der Apache gegen die modernisierte Cobra-Version von Bell durch. 1980/81 erprobte das Militär die Vorserienmaschinen. Bis 1986 waren die ersten Serienmaschinen ausgeliefert und befanden sich im Truppendienst. Ihren ersten Kampfeinsatz erlebten die Apaches bei der USA-Invasion in Panama; eine wichtige Rolle spielten sie auch im zweiten Golfkrieg, in Afghanistan und im Irak.

Dabei erwies sich die Beschussfestigkeit – besonders beim Häuserkampf über Städten und Siedlungen – als unzureichend und auch die Motoren waren den Wüstenbedingungen nicht immer gewachsen.

Weit über 1000 Apaches aller Versionen wurden in der Zwischenzeit gebaut, unter anderem fertigte auch Agusta Westland eine Lizenzversion (WAH64D) mit Turbomeca-Triebwerken. Die in den Neunzigerjahren entwickelte Version AH-64D besitzt einen Longbow-Radar, der auf der Rotornabe montiert ist. Dank dieses Radars kann der Hubschrauber auch auf Ziele feuern, während er selbst in Deckung ist.

Da das aufwendig entwickelte Nachfolgemodell AH-66 Comanche nicht gebaut wurde, wird der ASH-64 als Kampfhubschrauber der US Army noch längere Zeit im Einsatz bleiben.

Der bekannteste Kampfhubschrauber der Welt: AH-64 Apache

Noch kein Nachfolger in Sicht: Kampfhubschrauber AH-64

Modell:	*McDonnell Douglas AH-64A*
Herkunftsland:	*USA*
Rotorkreisdurchmesser:	*14,63 m*
Gesamtänge:	*17,76 m*
Antrieb:	*zwei General Electric-Turbinen T700-GE-701C mit je 1409 kW*
Höchstgeschwindigkeit:	*365 km/h*
Einsatzreichweite:	*422 km*
Gipfelhöhe:	*6400 m*

Boeing-Vertol CH-47 Chinook

Das Nachfolgemodell (Vertol 114) des etwas kleineren und von der US Navy gern geflogenen CH-46 „Sea Knight" (Vertol Modell 107) war seit Ende der Fünfzigerjahre entwickelt worden und startete am 21.9.1961 zum Erstflug. Sein charakteristisches Design geht bis auf die Piasecki H-21, die legendäre „fliegende Banane", zurück. Dank der Tandemanordnung der gegenläufigen Rotoren kann bei diesen Modellen auf einen Ausgleichsrotor am Heck verzichtet werden. 1962 wurde der Hubschrauber an das Militär ausgeliefert und entsprach nahezu vollkommen den Bedürfnissen der US Army.

Nicht zuletzt die Fernsehbilder vom Vietnamkrieg bewirkten, dass der **Chinook der bekannteste Hubschrauber mit Tandemrotoren** geworden ist.

Der Hubschrauber wurde gewissermaßen zum Medienstar, als er Nachschub transportierte, Stoßtrupps von bis zu 44 Mann absetzte, als Bergungs- und Sanitätshubschrauber eingesetzt wurde oder als fliegender Tanker für Fahrzeuge und Flugzeuge fungierte. Der Hubschrauber hatte eine hydraulische Heckklappe, die auch während des Fluges geöffnet werden konnte. Insgesamt 550 Hubschrauber des Typs CH-47 setzten die USA in Vietnam ein. Der Helikopter fungierte dabei überwiegend als Kampfzonentransporter; eine Bewaffnung war nicht vorgesehen, doch konnten zwei Maschinengewehre 7,62 mm mitgeführt werden. In einem Fall konnte ein einzelner Chinook 147 Zivilisten samt ihrer Habe aus der Kampfzone in Sicherheit bringen.

1966 und 1967 folgten der ersten Serienversion die Weiterentwicklungen B und C. 1982 wurden die älteren Modelle „entkernt", mit neuen, stärkeren Triebwerken versehen und auf den Standard des Modells CH-47D umgerüstet. Die neueste Version ist der AH-47F mit neuer Zelle und moderner Avionik; dabei handelt es sich sowohl um Neubauten als auch um Umrüstungen aus der Version AH-47F. Außer den über 1000 allein in den USA gebauten Chinooks aller Versionen wurden 200 bei Agusta Westland und 53 bei Kawasaki in Lizenz gebaut. Der Chinook war und ist in 19 Ländern (einschließlich der USA) im Einsatz.

Ein Chinook schleppt eine C-47 im Kranflug

Ein Chinook beim Entladen

Modell:	Boeing-Vertol CH-47D
Herkunftsland:	USA
Rotorkreisdurchmesser:	18,29 m
Gesamtlänge:	30,18 m
Antrieb:	zwei Lycoming T55-GA-712 Turbinen mit je 2796 kW
Höchstgeschwindigkeit:	315 km/h
Reichweite:	740 km
Gipfelhöhe:	5640 m

Bell/Agusta Westland BA609

Die Kombination aus Flugzeug und Hubschrauber ist das **Kipprotor-Flugzeug**. Die Hersteller betonen, dass es sich dabei nicht um einen Hubschrauber, sondern um ein Flugzeug handele, das Hubschraubereigenschaften nutze. Die BA609 wurde in Gemeinschaftsarbeit zwischen den renommierten Hubschrauberbauern Bell und Agusta Westland entwickelt. Das Programm wurde bereits 1996 angekündigt. Der Erstflug des Modells erfolgte am 7.3.2003. Die Probleme bei der parallel entwickelten militärischen Bell-Boeing V-22 Osprey verzögerten auch die Fertigstellung des zivilen Projekts BA609.

Konzipiert wurde die BA609 unter anderem für die Küstenwachen in aller Welt, die mit dem Kipprotor-Flugzeug schneller zu den Einsatzorten gelangen und ihre Missionen effizienter ausführen können als mit anderen Fluggeräten. **Als Multi-Mission-Fluggerät vereinigt es die Vorzüge eines schnellen Turboprop-Flugzeugs mit der Senkrechtstart- und -landefähigkeit eines Hubschraubers.** Die Rotoren können innerhalb einer Minute von horizontaler auf vertikale Position gedreht werden (und umgekehrt). Die Maschine kann mit 510 km/h Marschgeschwindigkeit einen küstennahen Aktionsradius von 400 bis 500 km abdecken. Mit Zusatztanks dürfte die Reichweite noch wesentlich (bis auf über 1800 km) vergrößert werden. Ausgelegt ist die Maschine für einen Betrieb mit ein bis zwei Piloten und bis zu neun Passagieren. Die maximale Nutzlast liegt bei 2500 kg.

Im Senkrechtflug mit horizontalen Rotorblättern: die BA609

Im Streckenflug fliegt die BA609 wie ein Flugzeug: mit vertikalen Rotorblättern.

Modell:	*Bell/Agusta Westland BA609*
Herkunftsland:	*USA*
Spannweite:	*10,00 m*
Rotorkreisdurchmesser:	*7,93 m*
Länge:	*13,31 m*
Antrieb:	*zwei Pratt & Whitney Canada PT6C-67A mit je 1447 kW*
Höchstgeschwindigkeit:	*550 km/h*
Reichweite:	*1390 km*
Gipfelhöhe:	*11.364 m*

Boeing Bell V-22 Osprey

Das Projekt eines militärisch nutzbaren Kipprotor-Flugzeugs reicht bis in die frühen Fünfzigerjahre zurück. Der Erstflug einer Osprey fand schon am 19.3.1989 statt und die Einsatzreife wurde zu diesem Zeitpunkt für 1991 prognostiziert; die Entwicklungszeit dauerte dann wesentlich länger und im Jahr 2000 warfen mehrere schwere Unfälle das Projekt erneut zurück. Die technischen Probleme sollen nun gelöst sein und die Serienfertigung begann 2005. Damit ist die Osprey (Fischadler) **das erste in Serie produzierte Kipprotor-Flugzeug der Welt.**

Entwickelt wurden Versionen für die Air Force, die Navy und für das Marine Corps. Den größten Anteil soll das Marine Corps übernehmen, das die Version MV-22B für Transport- und Versorgungsaufgaben nutzt. Die Tragfläche bei dieser Version lässt sich um 90 Grad beidrehen, die Rotorblätter können eingeklappt werden. Als Kipprotor-Flugzeug ist die Osprey ein Propellerflugzeug, das senkrecht starten und landen kann (VTOL). Alternativ sind Kurzstarts und -landungen mit teilweise gekippten Rotoren möglich (STOL).

Beim Übergang vom Vertikal- in den Horizontalflug (und umgekehrt) treten kritische Fluglagen auf, die Zweifel an der Flugfähigkeit und Zuverlässigkeit des Modells aufkommen ließen. Die Möglichkeit, mit der Osprey verschiedene angejahrte Hubschrauber- und Flugzeugmodelle zu ersetzen, ließen diese Zweifel aber in den Hintergrund treten.

Eine Osprey mit teilweise gekippten Rotoren

Ospreys im steilen Steigflug

Modell:	Boeing Bell V-22
Herkunftsland:	USA
Spannweite:	13,97 m
Rotorkreisdurchmesser:	11,58 m
Länge:	17,48 m
Antrieb:	zwei Allison T406-AD-400 Turbinen mit je 4600 kW
Höchstgeschwindigkeit:	565 km/h
Reichweite:	935–1760 km
Gipfelhöhe:	7925 m

Sikorsky S-64/CH-54 Skycrane

Ursprünglich für militärische Transportaufgaben entworfen, machte der S-64 aber vor allem im zivilen Sektor (Kranflüge, Schwerlasttransporte) Karriere. Der Erstflug fand am 9.5.1962 statt. Für die militärische Nutzung wurden 60 Exemplare der Version CH-54A gebaut. Später folgte die Version CH-54B mit stärkeren Turbinen, die am 4.11.1971 **mit 11.010 m einen Höhenweltrekord im Horizontalflug** aufstellte. Der Universal Military Container passte genau in das „Portal" des Hubschraubers. Diese Container konnten Transportbehälter (für 45 Soldaten oder Sanitätseinheiten mit 24 Tragen) darstellen, die aus einem Operationssaal oder einer Befehls- und Kommunikationseinheit bestehen. Als deutscher Beitrag zur Weiterentwicklung kam ein höhenverstellbares Fahrwerk dazu, welches das Aufnehmen der Ladung erleichterte, denn der Skycrane konnte so direkt über die Fracht rollen. Während des Vietnamkriegs wurden diese Hubschrauber häufig mit Transportaufgaben betraut. Aufgrund der bedeutenden Tragkraft von 9000 kg konnten leichte Panzerfahrzeuge oder andere Hubschrauber als Anhängelast transportiert werden.

Die militärische Einsatzzeit des Hubschraubers endete 1993. Schon 1992 hatte Sikorsky die Rechte am Skycrane an die Firma Erickson Air-Crane Co in Oregon veräußert. Erickson vermarktete den Kranhubschrauber weltweit in der zivilen Version S-64 erfolgreich zum **Einsatz auf Großbaustellen und Ölfeldern** oder als Löschhubschrauber.

Ein CH-54 mit dem Standard-Container der Army unter dem Portalfahrwerk

Modell:	*Sikorsky CH-54B*
Herkunftsland:	*USA*
Rotorkreisdurchmesser:	*21,95 m*
Gesamtlänge:	*27,00 m*
Antrieb:	*zwei Pratt & Whitney T73-70 Wellenturbinen mit je 3579 kW*
Höchstgeschwindigkeit:	*202 km/h*
Reichweite:	*370 km*
Gipfelhöhe:	*2750 m*

Kamow Ka-26

Der kleine Mehrzweckhubschrauber Ka-26 wurde 1965 zum ersten Mal vorgestellt und absolvierte am 18.8.1965 seine ersten Testflüge. Wie bei Kamow üblich diente ein gegenläufiger Koaxialrotor als Tragwerk; für den Antrieb sorgten zwei Kolbentriebwerke Wedenejew M-14V-26, die seitlich in Gondeln neben dem Rumpf angebracht waren.

Der Ka-26 war der variabelste Kleinhubschrauber, der von der Sowjetunion gebaut wurde. Seine Entwicklung wurde von den Bedürfnissen des Landwirtschaftsflugs inspiriert. Doch seine eigentliche Qualität bestand in dem austauschbaren Kabinenmodul hinter dem Cockpit. Dafür konnten entweder eine Passagierkabine oder ein Frachtcontainer, ein Behälter für Chemikalien inklusive Sprühvorrichtung oder ein Wassertank für Löscheinsätze, eine Ambulanzeinheit mit zwei Liegen und Arbeitsplätze für das medizinische Personal oder eine Arbeitsplattform in Frage kommen. Die Zusatzeinrichtungen konnten mittels weniger Bolzen leicht und schnell an der Grundeinheit angeschlossen werden; die Auswechslung war jederzeit mit Bordmitteln möglich. In begrenztem Unfang konnte der Ka-26 auch für den Kranflug eingesetzt werden.

Über 850 Exemplare der zivilen Version wurden in 15 Ländern eingesetzt. In einigen Ländern, besonders in den Ostblockländern, wurde er wegen seiner Variabilität gern militärisch genutzt. In der DDR stand er beispielsweise auch im Polizeidienst.

Als erster Hubschrauber der Welt nutzte der Ka-26 Rotorblätter aus glasfaserverstärktem Kunststoff. Auch die doppelten Leitwerksträger und das Leitwerk selbst waren aus diesem Material. Als turbinengetriebene Version entwickelte Kamow seit 1986 den Ka-126, der in Rumänien gebaut werden sollte; dort kam jedoch eine Großserienproduktion nicht zustande.

Kamow Ka-26 mit Universalkabine

Kamow Ka-26 mit Spezialausrüstung für den Landwirtschaftsflug

Modell:	*Kamow Ka-26*
Herkunftsland:	*UdSSR*
Rotorkreisdurchmesser:	*13,00 m*
Rumpflänge:	*7,75 m*
Antrieb:	*zwei Sternmotoren Wedenejew M-14V-26 mit je 242 kW*
Höchstgeschwindigkeit:	*170 km/h*
Reichweite:	*400 km*
Gipfelhöhe:	*3000 m*

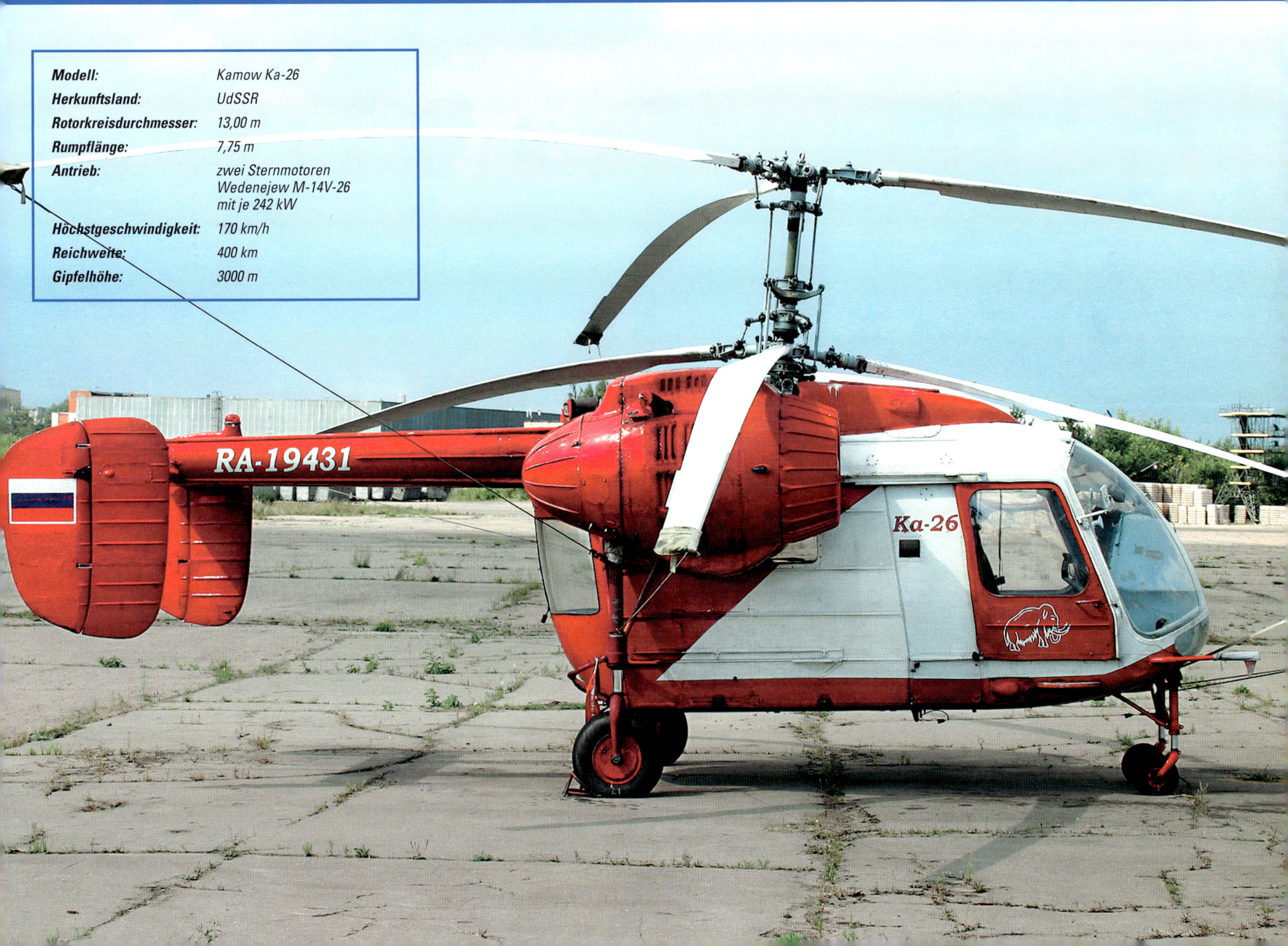

Mil Mi-24

Die Entwicklung eines schweren Kampfhubschraubers begann in der UdSSR Ende der Sechzigerjahre. Der Prototyp flog erstmals im September 1969. Ein als A-10 bezeichnetes **Sondermodell erregte 1975 durch mehrere Rekordflüge Aufsehen**. Zur gleichen Zeit kam der Mi-24 als militärischer Mehrzweckhubschrauber zur Truppe. Seine ursprüngliche Bestimmung auf dem Gefechtsfeld war die Bekämpfung von Panzern und gepanzerten Fahrzeugen. **Er galt als der schwerste und stärkste Kampfhubschrauber der Welt.**

Konstruktiv basierte der Mi-24 auf dem Mi-8; doch wurde der Rumpf völlig neu gestaltet – und vor allem stark gepanzert. Überdies wurde der Mi-24 mit einem Einziehfahrwerk (erstmals im sowjetischen Hubschrauberbau) versehen; dank der günstigen aerodynamischen Form wurde der Kampfhubschrauber auch noch überaus schnell. Die Stummelflügel dienten sowohl als Auftriebsflächen als auch als Waffenträger. Damit nicht genug, konnten – für einen Kampfhubschrauber ungewöhnlich – mit dem Mi-24 auch Transportaufgaben erfüllt und beispielsweise bis zu acht ausgerüstete Soldaten direkt in der Kampfzone abgesetzt werden. Die Version Mi-24 D war als Schlachthubschrauber mit stufenförmig gestaffelter Kabine für die beiden Piloten ab 1977 einsatzbereit und erlebte ihre ersten Kriegseinsätze in Afghanistan.

Der Hubschrauber, über 2300-mal gebaut, diente in den Staaten des Warschauer Vertrags und wurde in eine Reihe weiterer Länder exportiert.

Pilot und Waffenoffizier sitzen im Mi-24 in Tandemanordnung.

Ein Kampfhubschrauber Mi-24 mit polnischer Kennzeichnung

Modell:	*Mil Mi-24W*
Herkunftsland:	*UdSSR*
Rotorkreisdurchmesser:	*17,30 m*
Gesamtlänge:	*19,35 m*
Antrieb:	*zwei Isotow TW3-117WM Wellenturbinen mit je 1619 kW*
Höchstgeschwindigkeit:	*335 km/h*
Reichweite:	*1120 km*
Gipfelhöhe:	*4600 m*

Mil Mi-26

Auf dem Pariser Luftfahrtsalon 1981 erschien mit dem Mil Mi-26 zum ersten Mal ein überschwerer Transporthubschrauber in konventionellem Design. Zwei starke Wellenturbinen treiben einen Achtblatt-Hauptrotor an. Der Prototyp flog erstmals am 12.12.1977; 1983 war der Hubschrauber einsatzbereit. **Er gilt als der größte in Serie hergestellte Hubschrauber der Welt.** Er kann schwere Lasten von 20 Tonnen über Distanzen von 800 km mit einer Marschgeschwindigkeit von 255 km/h bewegen. Aufsehen erregende technische Lösungen stellen der Titan-Rotorkopf und die Kraftübertragung mittels eines einzigen Hauptgetriebes dar.

Der Mi-26 wird sowohl zivil als auch militärisch genutzt. Die zivile Version wurde in Sibirien und im hohen Norden eingesetzt; das Navigationssystem erlaubte Flüge auch bei widrigen meteorologischen Bedingungen.

Von der Grundversion wurden Versionen als Passagiermaschine, Kranhubschrauber, als Lastenhubschrauber mit einem 6-Mp-Lastenaufzug und als Lösch- und Tankhubschrauber abgeleitet.

Die militärische Version stand seit 1983 bei der sowjetischen Armee im Einsatz. Im Laderaum konnten zwei Luftlandepanzer oder bis zu 85 Personen befördert werden. Ca. 50 Maschinen standen zeitweilig bei der Truppe. Zehn Mi-26 gingen nach Indien.

Blick ins Cockpit des Mi-26

Der Frachtraum des Mi-26

Modell:	Mil Mi-26
Herkunftsland:	UdSSR
Rotorkreisdurchmesser:	32,00 m
Gesamtlänge:	40,00 m
Antrieb:	zwei Lotarew D-136 Turbinen mit je 7460 kW
Höchstgeschwindigkeit:	295 km/h
Reichweite:	800 km
Gipfelhöhe:	5000 m

Mil Mi-10

Aus dem erfolgreichen Mehrzweckhubschrauber Mi-6, dem ersten Turbinenhubschrauber aus sowjetischer Produktion, entwickelte man bei Mil den Transport- und Kranhubschrauber Mi-10. Das weiterentwickelte Modell absolvierte im Juni 1960 seinen Erstflug und wurde am 4.7.1961 erstmals in der Öffentlichkeit präsentiert. Er war mit einem hohen Portalfahrwerk ausgestattet worden, so dass er direkt über den Lasten einschweben oder darüberrollen konnte. Das Fahrwerk war zwillingsbereift und verfügte über eine ölpneumatische Dämpfung. Die hydraulischen Lastanschlüsse, mittels derer die Last mit dem Rumpf verbinden wurde, konnten vom Cockpit aus bedient werden. Die Kabine des Hubschraubers verfügte über 28 faltbare Sitze.

Am 23.9.1961 errang der Mi-10 einen Weltrekord, indem er 15.103 kg auf 2200 Meter Höhe hievte. Bei der Version Mil Mi-10 K verzichtete man zugunsten der Tragfähigkeit auf das relativ schwere Portalfahrwerk; diese Version, die vor allem für Baumontagearbeiten verwendet wurde, konnte regulär etwa 11.000 kg Außenlasten bewegen.

Eine zusätzliche Pilotenkanzel, die mit einem zweiten Piloten besetzt werden konnte, befand sich an der Rumpfunterseite mit Blick auf die Last und erleichterte das genaue Absetzen der angehängten Lasten.

Am 28.5.1965 hob der Mi-10 K 25.105 kg Nutzmasse auf 2840 m Höhe. Insgesamt errang dieser Hubschrauber acht Rekorde.

Eine Maschine dieses Typs mit dem hohen Portalfahrwerk ist heute im russischen Luftfahrtmuseum von Monino zu besichtigen.

Modell:	*Mil Mi-10 K*
Herkunftsland:	*UdSSR*
Rotorkreisdurchmesser:	*35,00 m*
Gesamtlänge:	*41,89 m*
Antrieb:	*zwei Solowjow D-25W Turbinen mit je 4100 kW*
Höchstgeschwindigkeit:	*259 km/h*
Reichweite:	*430 km*
Gipfelhöhe:	*2326 m*
max. Tragkraft:	*25.000 kg*

Der Mi-10K mit niedrigem Fahrwerk

Luftfahrtvisionen – experimentelle Fluggeräte

Solarflugzeug Helios

Nach Helios, dem Sonnengott aus der griechischen Mythologie, benannte die NASA ihre beiden unbemannten Experimentalflugzeuge, die ausschließlich durch Sonnenenergie angetrieben wurden. Mit diesen Flugapparaten – gebaut wurden die Prototypen HP01 und HP03 – bewies man, dass alternative Antriebe aus so genannten „erneuerbaren Energien" grundsätzlich möglich sind, auch wenn sie derzeit noch keinen praktischen Nutzen für die Zivilluftfahrt bringen und erst noch genau nachgerechnet werden muss, was die Herstellung der Solarzellen an Energieaufwand kostet und an Umweltbelastungen nach sich zieht.

Am 13.8.2001 errang Helios (HP01) bei einem Flug über Hawaii mit 96.863 ft (29.524 m) **einen neuen Höhenweltrekord für nichtraketengetriebene Flugzeuge**. Damit war der zu dem Zeitpunkt 25 Jahre alte Rekord des Aufklärungsflugzeugs SR-71 Blackbird (25.929 m) gebrochen.

Helios HP01 bestach nicht nur durch eine sehr ungewöhnliche Form, sondern vor allem durch sein im Vergleich zur Größe geringes Leergewicht von gerade einmal 600 kg. Vierzehn Elektromotoren, die entlang der 75,29 m weiten Tragflächen (die Spannweite übertraf die einer C 5 Galaxy oder eines Jumbojets beträchtlich) angebracht waren, trieben das Flugzeug mittels Propellern an. Die Energie bezogen diese Motoren, die jeweils nicht mehr Strom verbrauchten als ein Haartrockner, aus 62.120 Solarzellen der Firma SunPower; der Solargenerator konnte maximal 35 Kilowatt erzeugen. Das reichte aus,

Helios HP01 war der erste der beiden gebauten Prototypen des NASA-Solarflugzeugs Helios.

um das Flugzeug, das mit der Geschwindigkeit eines Fahrrads startete, innerhalb von sechs Stunden auf die Rekordhöhe zu bringen.

Der zweite Prototyp, Helios HP03, mit zehn Propellern und Brennstoffzellen (Bild gegenüberliegende Seite), die das Flugzeug für Langstreckenflüge befähigen sollten, stürzte am 26.6.2003 über dem Pazifik westlich von Hawaii ab. Über die eigentliche Unglücksursache wurde lange diskutiert. Wahrscheinlich war die Langstrecken-Technik zu schwer für die Struktur. Die NASA machte übergroße Schwingungen des Tragflügels, die zu einem Bruch der Struktur führten, als Unglücksursache aus.

Modell:	*Helios HP01*
Herkunftsland:	*USA*
Spannweite:	*75,29 m*
Länge:	*3,66 m*
Antrieb:	*14 Elektromotoren mit je 1,5 kW Leistung aus Solarzellen*
Höchstgeschwindigkeit:	*30–50 km/h*
Leermasse:	*600 kg*
Gipfelhöhe:	*29.500 m*

Daedalus 88

Im Rahmen des Daedalus-Projekts wurden in den Achtzigerjahren am Massachusetts Institute of Technology **mehrere Flugapparate** entworfen, die **ausschließlich mit Muskelkraft angetrieben** wurden. Da gewöhnlich der Wirkungsgrad der menschlichen Muskelkraft zu gering ist, um den Menschen selbst und mit ihm einen Flugapparat in die Luft zu befördern, kam es bei der Konstruktion darauf an, extrem leichte Materialien von extrem hoher Festigkeit zu verwenden, denn man benötigte möglichst viel Auftriebsfläche von möglichst geringem Gewicht. Das konnte mit neuartigen kohlefaserverstärkten Kunststoffen erreicht werden. Der Antrieb erfolgte per Pedale auf einen 3,5 Meter großen Propeller. Das erste Modell mit einer Leermasse von 42 kg – die Light Eagle – flog 1986, angetrieben von einer Triathletin, 16 Kilometer weit. Das zweite Exemplar, Daedalus 87, wog leer nur noch 31 kg.

Mit dem dritten Exemplar, der **Daedalus 88**, wurde ein neuer **Langstreckenrekord für muskelkraftbetriebene Flugzeuge** aufgestellt. Wie einst Daedalus in der griechischen Sage, der mittels wächserner Schwingen aus König Minos' Palast auf Kreta entfloh, nahm Daedalus 88 seine Route von Heraklion auf Kreta aus über 115 km nach der Vulkaninsel Santorin. Als Pilot saß der griechische Radrennfahrer Kanellos Kanellopoulos an den Pedalen. Das Flugzeug absolvierte die Strecke in 3 Stunden und 54 Minuten. 30 Meter vor Erreichen des Strandes von Santorin drückte eine Böe das Flugzeug aufs Wasser, so dass der Pilot die letzten Meter noch schwimmend zurücklegen musste.

Der erste Prototyp Light Eagle wog 42 kg, der dritte Prototyp, Daedalus 88 (Bild rechts) noch 32 kg.

Modell:	Daedalus 88
Herkunftsland:	USA
Spannweite:	34,00 m
Länge:	8,60 m
Antrieb:	Pedalantrieb mit der Übersetzung 1:1,5
Durchschnittsgeschwindigkeit:	ca. 30 km/h
Reichweite:	115 km
Gesamtmasse:	104 kg

Bell X-1

Der erste Mensch, der in der Luftfahrtgeschichte mit Überschallgeschwindigkeit flog, benutzte dazu eine Bell X-1. Der einsitzige Mitteldecker war eigens zu dem Zweck konstruiert worden, die Schallmauer im Horizontalflug zu durchbrechen.

Da die Entwicklung von Strahlturbinen nach dem Zweiten Weltkrieg aber noch in den Kinderschuhen steckte, kam für den Antrieb nur ein Raketentriebwerk infrage, das mit Alkohol und mit Sauerstoff arbeitete.

Schon 1943 hatte man sich bei Bell mit Ideen für ein Hochgeschwindigkeitsflugzeug getragen. 1945 wurde es in Absprache mit den Luftstreitkräften und der NACA (National Advisory Committee for Aeronautics), der Vorläuferbehörde der NASA, tatsächlich gebaut. Der Erstflug erfolgte am 19.1.1946 noch ohne eigenen Antrieb im Gleitflug, ausgeklinkt von einem Trägerflugzeug, einer speziell für diese Mission modifizierten Boeing B-29. Erste Testflüge mit Antrieb wurden seit Dezember 1946 durchgeführt. **Am 14.10.1947 durchbrach Captain Charles „Chuck" Yeager mit der X-1 die Schallmauer im ersten bemannten horizontalen Überschallflug.**

Chuck Yeager hatte das Flugzeug nach seiner Frau „Glamorous Glennis" genannt. Auf etwa 12.800 m Flughöhe erreichte die Maschine Mach 1,06. Dieser Flug – es war der fünfzigste der Bell X-1 – ging damit in die Geschichte ein. Später wurden mit modifizierten Versionen der X-1 auch noch wesentlich höhere Geschwindigkeiten erreicht.

Charles „Chuck" Yeager in seiner X-1, genannt „Glamorous Glennis"

Das sah Yeager in seinem Cockpit vor sich.

Modell:	Bell X-1
Herkunftsland:	USA
Spannweite:	8,53 m
Länge:	9,45 m
Antrieb:	ein Raketenmotor Reaction Motors XLR-11 mit 26,69 kN Schub
Höchstgeschwindigkeit:	2736 km/h
Gipfelhöhe:	22.250 m

North American X-15

Die X-15 wurde **für Hochgeschwindigkeitsflüge in großen Höhen geschaffen**. Sie diente der NASA zur Sammlung von Erkenntnissen über das Flugverhalten in der Übergangszone zwischen Erdatmosphäre und Weltraum.

Die X-15 war nicht für den Eigenstart konzipiert, sondern wurde von einer Spezialversion der B-52 in 15.000 m Höhe abgesetzt. Von dieser Starthöhe aus schaffte sie es in 140 Sekunden auf Höhen über 100.000 m. Damit die Maschine in großen Höhen (und sehr dünner Luft) noch steuerbar blieb, wurden acht Steuerdüsen am Rumpf und vier weitere an den Flügelenden angebracht. Am 8.6.1959 begannen zunächst die ersten Gleitversuche ohne Antrieb, am 17.9.1959 fand der erste Flug mit gezündetem Triebwerk statt. In der Folgezeit schraubten die Piloten und Techniker die Leistungen des Flugzeugs immer höher. Am 22.8.1963 erreichte die X-15 den (inoffiziellen) **Höhenweltrekord mit 107.960 m**. Am 3.10.1967 erreichte eine X-15 den **absoluten Geschwindigkeitsrekord für Flächenflugzeuge mit 7274 km/h**.

Nach Auffassung der USAF beginnt der Weltraum bei 50 Meilen (ca. 80 Kilometer); demnach waren acht X-15-Piloten Raumfahrer. Die Fédération Aéronautique Internationale (FAI) legte die Grenze zum Weltraum allerdings bei 100 Kilometer fest. **Ein Pilot – Joe Walker – überstieg zweimal diese magische Marke und war nach FAI-Maßstäben damit Astronaut**, ohne am Raumfahrtprogramm der USA beteiligt gewesen zu sein.

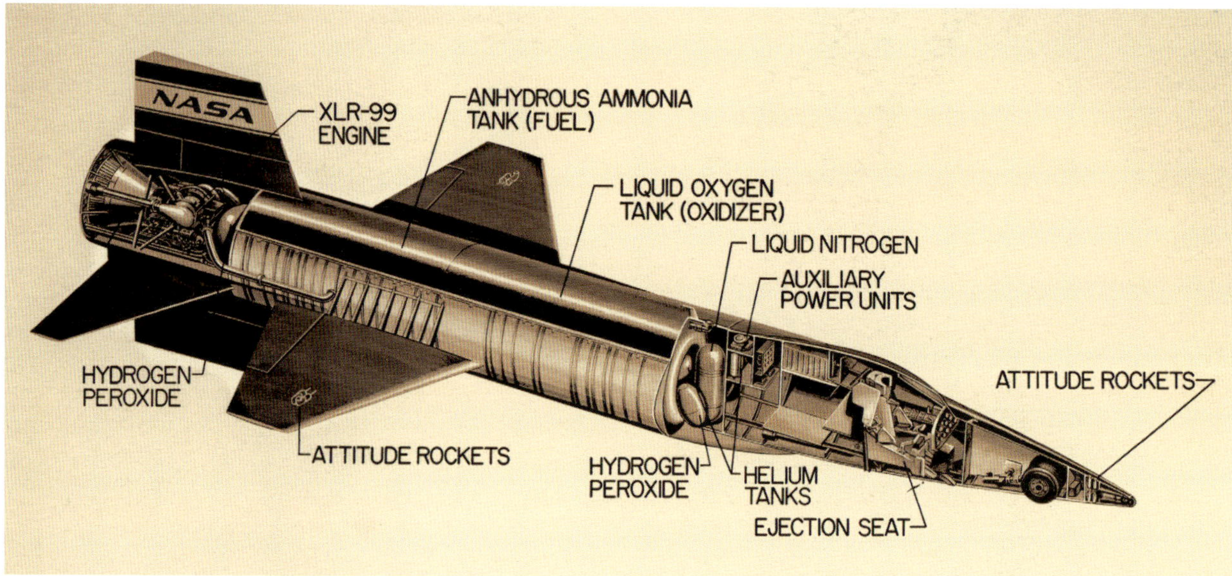

Eine Original-Aufschnittzeichnung der X-15 von der NASA

Roll-out einer wirklichen X-15

Modell:	North American X-15
Herkunftsland:	USA
Spannweite:	6,81 m
Länge:	15,47 m
Antrieb:	ein Thiokol XLR-99 Raketentriebwerk mit 253,7 kN Schub
Höchstgeschwindigkeit:	7274 km/h
Reichweite:	450 km (in ballistischer Kurve)
Gipfelhöhe:	107.960 m

Grumman X-29

Die X-29 wurde als Experimentalflugzeug geschaffen, um die Flugeigenschaften von Maschinen mit nach vorn gepfeilten Tragflächen zu untersuchen.

Beim Bau wurden Komponenten anderer, bereits bewährter Flugzeuge wie der F-5, der F-16 und der F-18 verwendet. Der Erstflug der ersten X-29 fand am 14.12.1984 statt. **Am 13.12.1985 führte die X-29 den ersten Überschallflug eines Flugzeugs mit vorwärts gepfeilten Tragflächen aus.**

Das Flugzeug wurde 1988 stillgelegt. Die zweite X-29 flog erst am 23.5.1989. Es führte sein Testprogramm bis 1991/92 durch.

Ein Ziel der Experimente war es, die Möglichkeiten zur Stabilisierung von Flügen mit hohen Anstellwinkeln in großen Höhen zu untersuchen.

Dank der Bauweise des Flugzeugs und der rechnergestützten Steuerung gelang es 1990, einen Anstellwinkel von 66 Grad zu erreichen. Nach 1992 verlor die Air Force das Interesse und das Programm wurde nach 437 Flügen eingestellt.

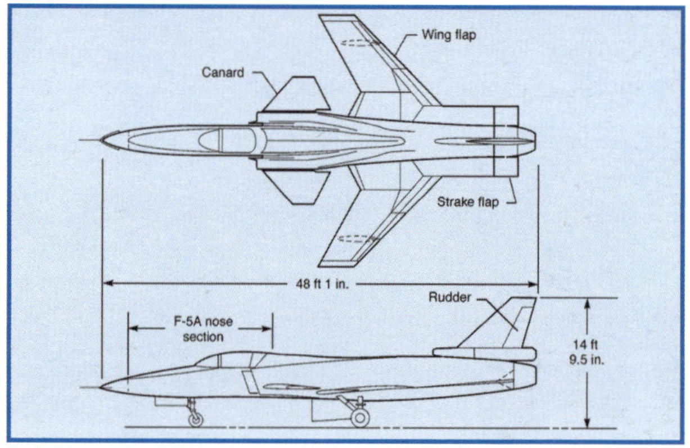

Originalzeichnung der NASA von Draufsicht und Seitenansicht der X-29

Eine X-29 im Testflug mit Rauchgeneratoren. Mit dem Rauch werden die Verwirbelungen der Luftströmungen an Tragflächen und Rumpf des Flugzeuges zur Auswertung sichtbar gemacht.

Die Armaturen und Instrumente im Cockpit der X-29

Modell:	Grumman X-29
Herkunftsland:	USA
Spannweite:	8,80 m
Länge:	17,70 m
Antrieb:	ein General Electric F404 Mantelstromtriebwerk mit 71,2 kN Schub
Höchstgeschwindigkeit:	1820 km/h
Gipfelhöhe:	16.800 m

Avro Canada VZ-9AV „Avrocar“

„Fliegende Untertassen“ gab es wirklich! Aber sie kamen nicht aus dem Kosmos, sondern aus Kanada. Nach dem Zweiten Weltkrieg hatte man sich bei Avro Canada mit der Entwicklung eines überschallschnellen Bombers mit Senkrechtstart-Fähigkeit beschäftigt. **Das Konzept sah vor, die ausströmenden Gase der Strahlturbinen für den Antrieb eines ringförmigen „Turborotors“ zu nutzen, der den Schub liefern sollte.** Wegen seines völlig andersartigen Antriebskonzepts bekam das Flugobjekt das Aussehen einer Untertasse.

1954 stoppte die kanadische Regierung das Projekt aus Kostengründen; die US-Regierung, zu dieser Zeit des Kalten Kriegs an Geheimwaffen aller Art brennend interessiert, sprang ein und setzte das Projekt als geheimes Vorhaben „Waffensystem 606A“ fort.

Seit 1958 hieß die geheimnisvolle Maschine dann Avro Canada VZ-9AV Avrocar. Von den Überschallträumen und der hohen Bombenzuladung als Zielvorgabe hatte man sich schon verabschiedet. Nun sollte ein mit zwei Piloten bemannter Flugkörper entstehen, der 450 kg Last (inklusive Besatzung) tragen, 480 km/h schnell fliegen und 3000 m Höhe erreichen konnte. Das waren beileibe keine überdurchschnittlichen Ziele. Doch auch diese Werte wurden von ferne nicht erreicht.

In knapp einem Meter Höhe wurde die Fluglage regelmäßig instabil und die erreichte Höchstgeschwindigkeit ging über das City-Limit von 48 km/h nicht hinaus.

Die beiden Prototypen flogen am 12.11.1959 und am 17.5.1961 zum ersten Mal ein paar Meter. Insgesamt wurden 75 Stunden Flugtests durchgeführt.

Doch im Dezember 1961 wurde das Programm endgültig eingestellt, weil es doch keine so gute Idee war, mit Untertassen in den Straßen herumzufliegen. Vor allem aber, weil die Schöpfer und Experimentatoren den Geldgebern nicht klarzumachen vermochten, wozu man ein solches Flugobjekt denn eigentlich brauche.

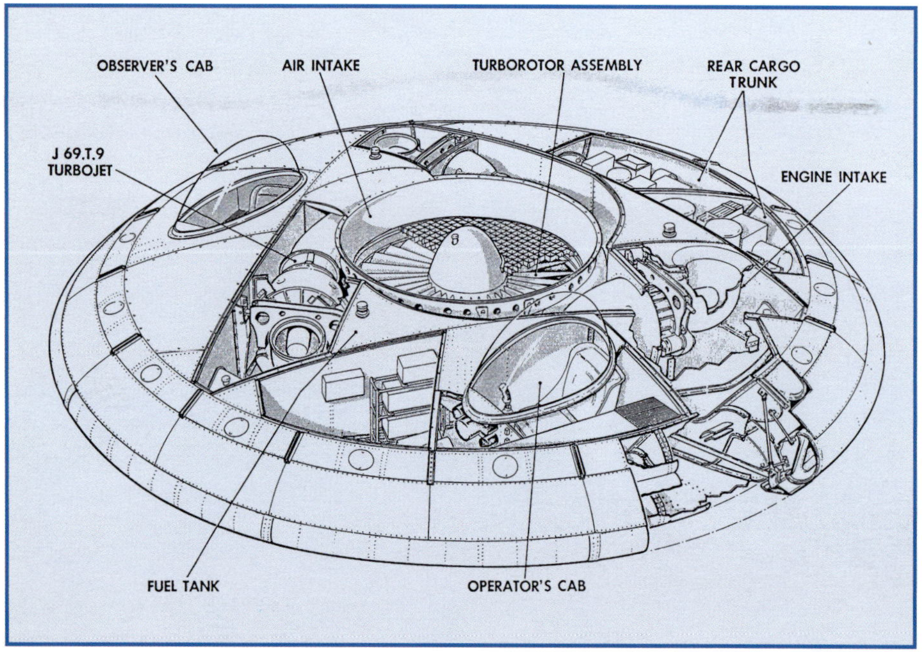

Original-Aufschnittzeichnung des Avrocar von der NASA

Die „Geheimwaffe“ Avrocar in der Montagehalle

Modell:	*Avro Canada VZ-9AV*
Herkunftsland:	*Kanada/USA*
Durchmesser:	*5,50 m*
Höhe:	*1,47 m*
Antrieb:	*drei Continental J69-T9 Turbojets mit je 4,09 kN Schub*
Höchstgeschwindigkeit:	*480 km/h (geplant)* *48 km/h (real)*
Gipfelhöhe:	*3000 m (geplant)* *0,90 m (real)*

Nord 1500 „Griffon"

Das französische Verteidigungsministerium gab Anfang der Fünfzigerjahre den Auftrag für die Entwicklung eines Experimentalflugzeugs zur Untersuchung von Mischantrieben. Auf diese Weise wollte man die Untermotorisierung von Kampfflugzeugen zu Beginn des Düsenzeitalters beheben. So entstand die Nord 1500 Griffon mit dem Kombinationsantrieb aus Strahlturbine und Staustrahltriebwerk. Das Problem bei Staustrahltriebwerken war allerdings, dass sie bei niedrigen Geschwindigkeiten faktisch kaum Schub gaben, bei hohen Geschwindigkeiten aber nur schwer regulierbar waren.

Der Erstflug des ersten Prototyps fand am 20.9.1955 statt. Der zweite Prototyp, die Griffon II, flog erstmals im Januar 1957 und **fiel durch herausragende Steigleistungen auf. Im Februar errang die Maschine mehrere Steigleistungsrekorde**. Sie erreichte die 9000-Meter-Marke vom Stand in 1:41 Minuten. **Der Testpilot André Turcat stellte im 100-km-Flug mit einer Durchschnittsgeschwindigkeit von 1643 km/h einen neuen Weltrekord auf.**

Das Design der Maschine wirkt ein wenig wie ein Triebwerksblock mit aufgesetztem Cockpit. Zur Stabilisierung waren jedoch knapp unterhalb des Cockpits Canards angebracht. Der Lufteinlass war aber nicht groß genug, um die Leistungen der Triebwerke voll zu nutzen. Eine Weiterentwicklung zu einer Super-Griffon, die Mach 3 fliegen sollte, war zwar geplant, wurde aber nicht ausgeführt.

Mit der Griffon wurden bis 1957 150 Flüge, mit der Griffon II bis 1960 200 Flüge absolviert. Die stürmische Entwicklung bei den Strahlturbinen macht die weiteren Forschungen zu Mischantrieben letztlich überflüssig.

Modell:	*Nord 1500 Griffon II*
Herkunftsland:	*Frankreich*
Spannweite:	*8,10 m*
Länge:	*13,96 m*
Antrieb:	*ein Strahltriebwerk SNECMA Atar 101 E-3 mit 34,34 kN Schub* *ein Staustrahltriebwerk Nord Aviation mit 41,20 kN Schub*
Höchstgeschwindigkeit:	*2330 km/h*
Reichweite:	*300 km*
Gipfelhöhe:	*18.000 m*

Eine Nord 1500 mit französischer Kennzeichnung

Eine Nord 1500 Griffon II im Museum

LAPCAT A 2

Gleichzeitig mit der Concorde und der Tu-144 gab es erste Projektideen für ein Hyperschallflugzeug, das mit Machzahlen von 4 bis 8 operieren sollte. Doch erst Jahre nach dem die Concorde ihren Dienst quittieren musste, nehmen Hypersonic-Projekte konkretere Gestalt an. Schneller als Mach 5 soll die LAPCAT A 2 fliegen: angetrieben von Triebwerken in Pre-cooled-engines-Technologie, die zugleich wesentlich energieeffizienter arbeiten als konventionelle Triebwerke, leichter zu kühlen und überhaupt von leichterer Bauart sind.

Das Flugzeug soll 300 Passagiere in fünf Stunden von Brüssel über den Nordpol nach Sydney befördern können. Dabei soll ein Ticket nicht mehr kosten als heute in der Business-Klasse üblich: kalkuliert werden 3940 EUR.

Vorausgesetzt, der Stückpreis von 639 Mio. EUR (bei 100 gebauten Exemplaren) ist zu halten. Wegen der extrem langen Reichweite können darüber hinaus zahlreiche Routen über unbewohntem Gebiet genutzt werden.

Die Realisierung des Projekts wird für 2023 ins Auge gefasst.

Modell:	*LAPCAT A 2*
Herkunftsland:	*EU/Großbritannien*
Spannweite:	*41 m*
Länge:	*139 m*
Antrieb:	*vier wasserstoffbetriebene Staustahltriebwerke Scimitar*
Höchstgeschwindigkeit:	*6400 km/h*
Reichweite:	*24.000 km*
Gipfelhöhe:	*25.000–28.000 m*

Modellgrafik des Hyperschallflugzeugs A 2

Größenvergleich zwischen A 2 und Airbus A380

Scaled Composites 311 Global Flyer

Burt Rutan war schon immer für ungewöhnliche Entwürfe für Luftfahrzeuge bekannt. Er kam nicht nur auf revolutionäre technische Lösungen, er öffnete der Aerodynamik auch eine neue ästhetische Dimension. Den Global Flyer baute er aus kohlefaserverstärktem Epoxidharz. Das Flugzeug führte über 10.000 Liter Kerosin – verteilt auf 13 Tanks – mit sich. Der Treibstoffvorrat machte am Start 83 Prozent des Gesamtgewichts aus.

Der Milliardär und Flugpionier Steve Fossett, Miteigentümer der Firma und Besitzer des Flugzeugs „Global Flyer", startete am 1.3.2005 und umrundete die Erde in einem Nonstop-Flug. Der Flug wurde gesponsert von der Fluggesellschaft Virgin Atlantic und ihrem Besitzer Richard Branson.

Für die Strecke von 36.898,04 km brauchte Fossett in seinem Global Flyer 67 Stunden, zwei Minuten und 38 Sekunden.

Ein Jahr später startete Fossett erneut zu einem Langstreckenflug. Obwohl er im ersten Teil der Route zu viel Treibstoff verbrauchte und das Flugzeug zwei Vogelschläge verkraften müsste, errang er im Februar 2006 – auch wenn er den ursprünglich geplanten Zielflughafen nicht erreichte – dennoch mit 41.467,53 km einen neuen Langstreckenrekord, für den er insgesamt 76 Stunden und 45 Minuten ununterbrochen in der Luft war.

Nominell betrug die Höchstgeschwindigkeit des Fluggeräts zwar nur 315 km/h; **aber unter Ausnutzung des Jetstreams kam eine Durchschnittsgeschwindigkleit von 590 km/h zustande; damit errang das Flugzeug auch noch den Rekord für die schnellste Erdumrundung mit einem Flugapparat.**

Der Global Flyer im Flug

Letzte Überprüfung vor dem Flug

Modell:	Scaled Composites 311
Herkunftsland:	USA
Spannweite:	34,80 m
Länge:	13,50 m
Antrieb:	ein Williams International FJ44-3 ATW Turbofan mit 11,08 kN Schub
Höchstgeschwindigkeit:	378 km/h
Reichweite:	41.467 km
Gipfelhöhe:	15.540 m

Space Ship One/ White Knight

Das Space Ship One ist das **erste privat finanzierte und von einem nichtstaatlichen Betreiber genutzte Raumfahrzeug der Welt**. Es wurde von Burt Rutan entwickelt, um den mit 10 Mio. Dollar dotierten Ansari-X-Preis zu gewinnen, der für einen zweimaligen bemannten Raumflug, durchgeführt von einer nichtstaatlichen Organisation innerhalb von zwei Wochen, ausgesetzt war. Eine weitere Bedingung war, dass das Raumfahrzeug zwei Passagiere zu befördern (oder einen entsprechenden Ballast mitzuführen) in der Lage sein musste.

Zum Space Ship One gehört sein Trägerflugzeug „White Knight“; zusammen bilden sie das System „Tier One“. Das Trägerflugzeug, ebenfalls eine Entwicklung Burt Rutans, schleppt den eigentlichen Raumgleiter zunächst auf etwa 15 Kilometer Höhe, dort wird der Gleiter ausgeklinkt und der Raketenmotor für knapp anderthalb Minuten gezündet. Mit diesem Verfahren **durchbrach am 17.12.2003 zum ersten Mal ein privat finanziertes und gebautes Luftfahrzeug die Schallmauer**.

Am 21.6.2004 gelang es erstmals, die magische 100-Kilometer-Marke zu überschreiten, jenseits derer nach FAI-Definition der Weltraum beginnt. Am 29.9. und 4.10.2004 gelangen Flüge in 103 bzw. 112 km Höhe.

Das Space Ship One ist nicht für den Orbitalflug geeignet; seine Höchstgeschwindigkeit macht nur etwa ein Siebentel der dafür nötigen ersten kosmischen Geschwindigkeit aus. **Der Flugkörper vermag aber mittels Parabelflug für einen kurzen Zeitraum in kosmische Dimensionen vorzudringen**, aus denen er im anfangs trudelnden – vergleichbar dem Niedergehen eines Ahornsamens –, dann aber zuletzt wieder kontrollierten Gleitflug zur Erde zurückkehrt.

Space Ship One kehrt zur Erde zurück.

Modell:	*Scaled Composites 318 White Knight One*
Herkunftsland:	*USA*
Spannweite:	*25,00 m*
Antrieb:	*zwei General Electric J85-GE-5 Turbojets mit Nachbrenner mit 17,1 kN Schub*
Nutzlast:	*3600 kg*
Gipfelhöhe:	*16.000 m*

Modell:	*Scaled Composites 316 Space Ship One*
Herkunftsland:	*USA*
Spannweite:	*5,00 m*
Länge:	*5,00 m*
Antrieb:	*ein N2O/HTPB SpaceDev Hybrid Solid Raketenmotor mit 74 kN Schub*
Höchstgeschwindigkeit:	*3518 km/h*
Reichweite:	*65 km*
Gipfelhöhe:	*112.000 m*

Space Ship Two/ White Knight Two

Das Projekt Space Ship Two setzt auf den Markt kommerzieller Raumflüge für den privaten Weltraumtourismus wohlhabender Space-Fans. Das System besteht, wie schon der Vorgänger, aus einem Trägerflugzeug (White Knight Two) und dem eigentlichen Raumflugkörper (Space Ship Two). Das Trägerflugzeug wird das Raumflugzeug zunächst auf ca. 16 Kilometer Höhe schleppen und dort ausklinken. Space Ship Two wird dann den Raketenmotor zünden, auf 4200 km/h beschleunigen und schließlich in einer Parabelbahn die Weltraumhöhe (über 100 km) erreichen. Die Rückkehr in die Atmosphäre und zur Erde erfolgt im antriebslosen Gleitflug. Bug und Flügelvorderkanten sind mit einem Hitzeschutz versehen.

Space Ship Two wird bedeutend größer sein als Space Ship One und komplett aus kohlefaserverstärkten Kunststoffen gebaut werden. Es soll Platz für zwei Piloten und sechs Passagiere bieten. Die Kabine wird 3,66 m lang sein und einen Durchmesser von 2,28 m haben.

Der Unternehmer Richard Branson gründete mit Burt Rutan als Betreibergesellschaft eigens die Virgin Galactic, die bislang sieben Exemplare des Space Ships bestellt hat. Ein Flug soll voraussichtlich ca. 200.000 Dollar kosten; wenn eines Tages mehr Schiffe gebaut sind und das Angebot vergrößert wird, hofft man den Preis noch deutlich senken zu können.

Space Ship Two, wie es einmal aussehen soll

Space Ship Two mit White Knight Two

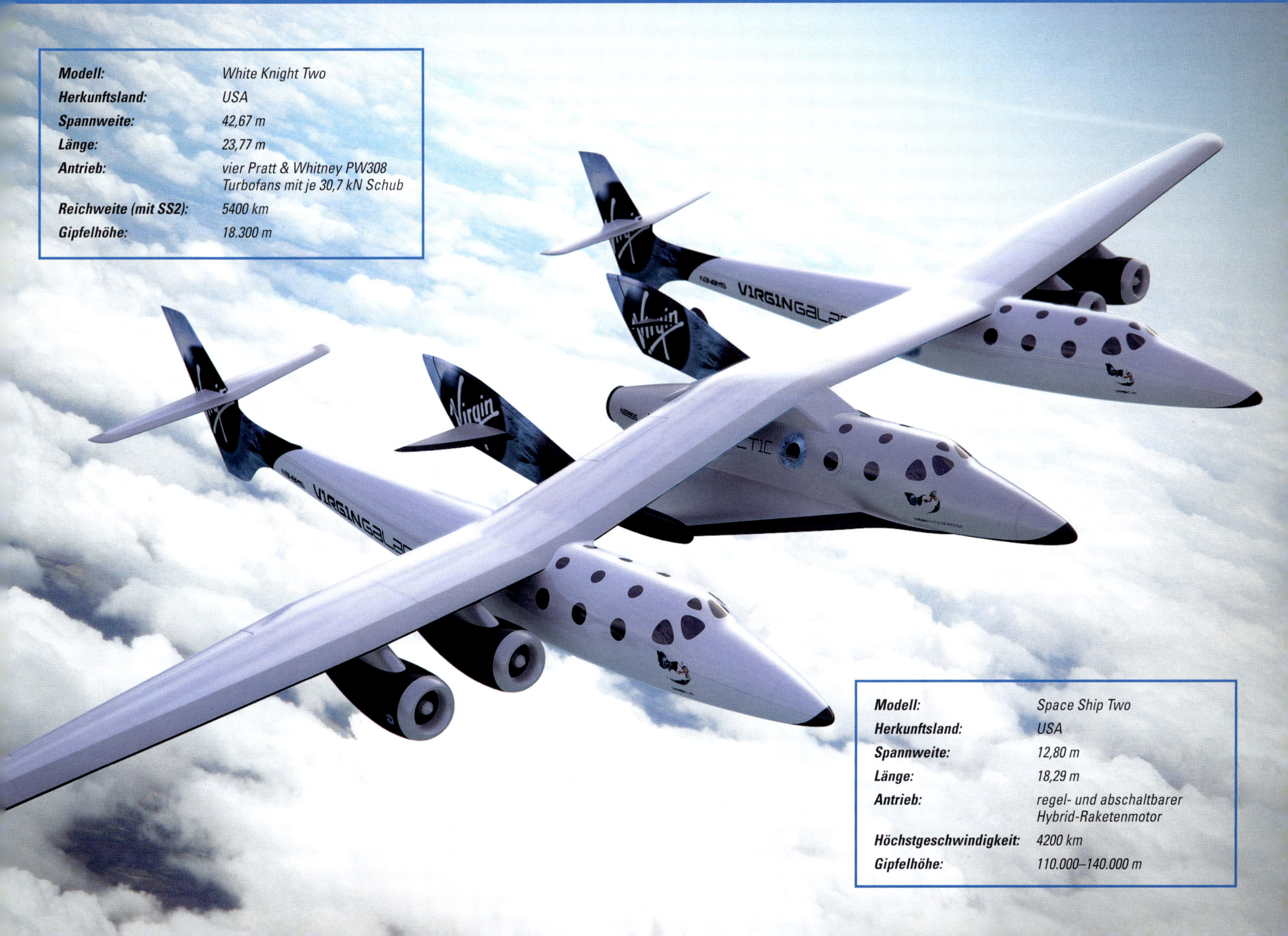

Modell:	*White Knight Two*
Herkunftsland:	*USA*
Spannweite:	*42,67 m*
Länge:	*23,77 m*
Antrieb:	*vier Pratt & Whitney PW308 Turbofans mit je 30,7 kN Schub*
Reichweite (mit SS2):	*5400 km*
Gipfelhöhe:	*18.300 m*

Modell:	*Space Ship Two*
Herkunftsland:	*USA*
Spannweite:	*12,80 m*
Länge:	*18,29 m*
Antrieb:	*regel- und abschaltbarer Hybrid-Raketenmotor*
Höchstgeschwindigkeit:	*4200 km*
Gipfelhöhe:	*110.000–140.000 m*

Lockheed Martin X-33

Die Luft- und Raumfahrtgeschichte kennt viele fantastische Projekte, die nicht realisiert wurden und von denen sich einige als Millionen- ja sogar Milliardengrab erwiesen. Doch auch Projekte, die nicht zum Ziel führen, können wegweisende technische Lösungen aufzeigen. So sollte die X-33, von Lockheed-Martin und der NASA entwickelt, den Weg zu einem wirtschaftlicheren Ersatz für die anfälligeren und kostenintensiven Space Shuttles bahnen: Ziel der Entwicklung war es, die Venture Star mit **mehr als 22 Tonnen Nutzlast auszustatten.**

Mit dem Prototyp sollte das Prinzip einer vollständig wiederverwendbaren Raumfähre erprobt werden, die mithilfe eines neuartigen Triebwerks wie eine Rakete starten und wie ein Flugzeug landen konnte. Als Grundkonzept wurde ein keilförmiger flügelloser Auftriebskörper aus Titan und Verbundwerkstoffen gewählt.

Im Jahr 2001 wurde das Projekt aus Kostengründen aufgegeben und die schon zu 85 Prozent fertig gestellte X-33 nicht zuende gebaut.

Modell:	*Lockheed-Martin/NASA X-33*
Herkunftsland:	*USA*
Spannweite:	*20,80 m*
Länge:	*20,50 m*
Antrieb:	*zwei Boeing Rocketdyne XRS-2200 Linear Aerospike*
Startmasse:	*130.000 kg*
Höchstgeschwindigkeit:	*Mach 15*

Auch wenn die X-33 in Wahrheit nicht fertiggestellt wurde, so tauchte aber in der populären Unterhaltungsliteratur eine geheimnisvolle Boeing X-33 auf:

In Dan Browns Roman „Illuminati" kann dieser Superflieger mit Mach 15 in einer Stunde von New York nach Genf fliegen.

Computersimulation einer X-33 im Flug.

Register

Aérospatiale-BAC Concorde 101/102 60, 61
Airbus A300-600 ST „Beluga“ 112, 113
Airbus A380 58, 59
Antonow An-124 „Ruslan“ 118, 119
Antonow An-2 42, 43
Antonow An-22 116, 117
Antonow An-225 „Mrija“ 120, 121
Avro 683 „Lancaster“ 66, 67
Avro Canada VZ-9AV „Avrocar“ 196, 197

BAe/McDonnell-Douglas AV-8 B Harrier II 104, 105
Bede BD 5J „Freedom Jet“ 134, 135
Bell X-1 190, 191
Bell/Agusta Westland BA609 172, 173
Berijew Be-200 162, 163
Blériot XI 14, 15
Boeing 247 34, 35
Boeing 314 „Clipper“ 150, 151
Boeing 707 48, 49
Boeing 747 56, 57
Boeing B-29 „Superfortress“ 68, 69
Boeing B-377 SGT-201 „Super Guppy“ 110, 111
Boeing B-52 72, 73
Boeing Bell V-22 Osprey 165, 174, 175
Boeing C-17 Globemaster III 107, 126
Boeing-Vertol CH-47 Chinook 170, 171
Bristol 167 „Brabazon“ 40
Bücker Bü 131 „Jungmann“ 128, 129

Canadair CL-415 160, 161
Caproni Ca.60 Transaero 164
Cessna 150/152 132
Cessna 172 „Skyhawk“ 133
Colomban CriCri 127, 142
Consolidated PBY „Catalina“ 152, 153
Convair B-36 „Peacemaker“ 70, 71
Convair CV 990 „Coronado“ 52, 53
Convair F-102 „Delta Dagger“ 96, 97
Curtiss-Wright C-46 „Commando“ 108, 109

Daedalus 88 188, 189
Dassault Mirage IV 80, 81
De Havilland DH.106 „Comet“ 47
De Havilland DH.98 „Mosquito“ 90, 91
Dornier Do 24 148, 149
Dornier Do J „Wal“ 144, 145
Dornier Do X 146, 147
Douglas DC-3 21, 36, 37
Douglas DC-8 50, 51

EADS Socata TBM 850 140
Etrich-Taube 5, 8

Focke-Wulf Fw 200 „Condor“ 28, 29
Fokker F.VIIa 3m 20

General Dynamics F-111 100, 101
Gloster G 41 „Meteor“ 94, 95
Great Lakes 2T-1A-2 130, 131
Grumman X-29 194, 195

Hughes H-4 „Hercules“ 158, 159

Iljuschin Il-18 44, 45
Iljuschin Il-76 114, 115

Junkers F 13 22, 23
Junkers G 38 24, 25
Junkers J 10 (C.L.I) 85
Junkers Ju 52 „Tante Ju“ 26, 27
Junkers Ju 87 „Stuka“ 64, 65
Junkers Ju 90 30, 31

Kamow Ka-26 178, 179

Lapcat A 2 199
Learjet 23 141
Lilienthal, Otto 6
Lilienthal-Gleiter 7
Lockheed C-130 „Hercules“ 122, 123
Lockheed C-5 „Galaxy“ 124, 125
Lockheed F-117 Nighthawk 63, 74, 75
Lockheed L.1049 „Super Constellation“ 38, 39
Lockheed Martin X-33 206
Lockheed SR-71 „Blackbird“ 106

Martin JRM „Mars“ 143, 154, 155
McDonnell-Douglas (Hughes) AH-64
Apache 168, 169
McDonnell-Douglas F-4 „Phantom II“ 98, 99
Messerschmitt Bf 109 86, 87
Messerschmitt Me 262 92, 93
Mikojan Gurewitsch MiG-29 102, 103
Mil Mi-10 184
Mil Mi-24 180, 181
Mil Mi-26 182, 183

Nord 1500 „Griffon“ 198
North American X-15 192, 193
Northrop Grumman B-2 „Spirit“ 3, 78, 79

Piaggio P-180 „Avanti“ 138, 139
Piper PA 23 „Apache“ 136, 137

Rockwell B-1 B „Lancer“ 76, 77
Ryan M 2 „Spirit of St. Louis“ 18, 19

Scaled Composites 311 Global Flyer 200, 201
Short S.25 „Sunderland“ 156, 157
Sikorsky „Ilja Muromez“ 9
Sikorsky H-5 (S-51) 166, 167
Sikorsky S-64/CH-54 Skycrane 176, 177
Solarflugzeug Helios 186, 187
Sopwith „Triplane“ 84
Space Ship One/White Knight 202, 203
Space Ship Two/White Knight Two 185, 204, 205
Sud Aviation SE 210 Caravelle 54, 55
Supermarine Spitfire 88, 89

Tupolew ANT-20 „Maxim Gorki"/ANT-20 bis 32, 33
Tupolew Tu-104 46
Tupolew Tu-114 41
Tupolew Tu-144 62
Tupolew Tu-160 82, 83

Vickers F.B.27 „Vimy“ 16, 17

Wright Flyer 11, 12, 13
Wright, Orville und Wilbur 12

Bildquellen

AgustaWestland, agustawestland.com: Seiten 172 o., 172 u., 173; Aircraft Engine Historical Society (AEHS), enginehistory.org: Seiten 40 u., 94 r.; Air France, airfrance.com: Seite 198 l.; Airport Journals, Main, U.S.A.: Seite 141 o.; John Allan, airliners.net: Seite 17; Archiv Otto-Lilienthal Museum Anklam, berlinger2.de: Seite 6; Australian Covernment Department of Defence, defence.gov.au: Seiten 100 l., 100 r.; Dmitry Avdeev, New York, U.S.A.: Seiten 82 r., 118 r.; Serge Bailleul, airliners.net: Seite 80 u.; Mick Bajcar, airliners.net: Seiten 84, 198 r.; Bernhard Bauske, Hanau: Seite 22 o.r.; BERIEV Aircraft Company, Taganrog, Russia: Seite 162 l.; Bildarchiv Air-Kraft, Mainz: Seiten 26 u.l., 40 o., 164 r.; Bombardier Inc. Aircraft, Douglas, Canada: Seite 160 r.; Fyodor Borisov , airliners.net: Seite 9; Nico Braas, Almere-Buiten, Netherlands: Seiten 28 u.r., 85, 154 o., 158 r.; Christian Bremer, flugzeugbilder.de: Seite 120 u.r.; Bortnervacation / Dinah, bortnervacation.com: Seite 18 l.; Max Bryansky, airliners.net: Seite 65; Antonio Camarasa, airliners.net: Seite 55; Hubert Cance, Aurillac, France: Seite 33; George Canciani, airliners.net: Seite 135; Stefano Capuzzo, airliners.net: Seite 160 l.; Alex Christie, airliners.net: Seiten 46, 157; Bernie Condon, airliners.net: Seite 95; Jonathan Derden, airliners.net: Seite 130 u.; Deutsches Wehrkundearchiv, Herford: Seiten 24 l., 28 u.l., 64 r., 145; Deutsches Technikmuseum Berlin (DTMB), Berlin: Seite 7; Jean-Patrick Donzey, München: Seite 178 r.; DTM Spotter, airliners.net: Seite 131; Ron Dupas, 1000aircraftphotos.com: Seiten 29, 32 u.r.; Michael Durning, Dartmouth, Nova Scotia, Canada: Seite 141 u.; Dutch Aviation, dutch-aviation.nl: Seite 20 l.; EADS Deutschland GmbH, München: Seiten 10, 22 l., 24 r., 30 u., 31, 86 l., 144 l., 144 r.; Experimental Aircraft Association (EAA) / Young Eagles, youngeagles.org: Seite 148 u.; Federal Aviation Administration, Washington D.C., U.S.A.: Seite 37; Thomas Fedor, airventure.de: Seiten 5, 8 r.; Richard Ferrier, Besancon, France: Seite 8 l.; GNU Free Documentation license, Seite 36 u.l.: Varga Attila; Seite 112 o.: Duch.seb; Seite 152 l.: Balcer; Seite 180 u.: Cezary Piwowarski; Seiten 178 l., 200 r.: Alan Radecke; Ulrich Grüschow, MilitaryAircraft.de: Seite 67; Anton Heumann, swissandmore.de: Seite 134 r.; Historisches Unternehmensarchiv Dornier GmbH, Immenstaad: Seite 146 r.; Richard Hunt, airliners.net: Seite 153; Colin Hunter, Takanini, New Zealand: Seite 142 r.; German Aerospace Industries Association (BDLI)/Messe Berlin GmbH, ila-berlin.de: Seite 21; Island Aero Services, Sidney, Australia: Seiten 136 l., 137; Josef Jung, Limburg/Lahn: Seiten 19, 26 o., 42 l., 43, 129; Karl Kammerlander, Bad Camberg: Seiten 60 l., 62 l.; Foto Galerie Koninklijke Marine, Den Haag, Netherlands: Seite 148 o.; Sergey Krivchikov, airliners.net: Seiten 83, 184; Dirk Lausberg, Stuttgart: Seiten 62 r., 138 o.; Bruce Leibowitz, airliners.net: Seite 201; Lone Sheperd, gallery.lonesheperd.org: Seite 203; Erick A. Lopez, Seattle, Washington, U.S.A.: Seite 34 l.; Lufthansa-Archiv, Frankfurt: Seiten 22 u.r., 23, 25, 27, 30 o., 38 r., 39, 49, 58 u.; Alfredo la Marca, airliners.net: Seite 161; Marineflyverforeningen (MFF), marineflyverforeningen.dk: Seiten 94 l., 152 r.; Paul Morley, airliners.net: Seite 54 r.; Ilya Morozov, airliners.net: Seite 64 l.; Mark Munzel, airliners.net: Seiten 143, 154 u.; Neville Murphy, airliners.net: Seite 134 l.; NASA, Washington, D.C., U.S.A: Seiten 50 l., 50 r., 51, 53, 72 l., 72 r., 73, 90 l., 106 u., 110 l., 110 r., 111, 113, 126 u., 186, 187, 188, 189, 190 l., 190 r., 191, 192 o., 192 u., 193, 194 o., 194 u.l., 194 u.r., 195, 206; National Air and Space Museum / Smithsonian Institution, Foto: Eric Long, Washington DC, U.S.A.: Seite 18 r.; NATO, Brüssel, Belgium: Seite 162 r.; Antoine Ossadzow, Nogent sur Marne, France: Seite 34 r.; Yevgeny Pashnin, New York, U.S.A.: Seiten 120 o., 163; Usachev Pavel, airliners.net: Seite 41 r.; Picasaweb, Foto: smoketrailer: Seite 128 u.l.; Pics Centerblog.net: Seite 16 u.; Robert Pittuck, airplane-pictures.net: Seite 138 u.; Planetagadget/avm69, planetagadget.com: Seite 200 l.; Gerhard Plomitzer, airliners.net: Seiten 47, 139, 168 l., 168 r., 169, 177; Serge Podlesnyi, flugzeugbilder.de: Seite 45; public domain, Seite 66: Bzuk; Seite 158 l.: Clem Tillier; Seiten 35, 164 l.: Fotograf unbekannt; Ted Quackenbush, airliners.net: Seite 159; Andreas Rauer, andreas-rauer.de: Seite 36 u.r.; Reaction Engines Ltd., reactionengines.co.uk: Seiten 199 l., 199 r.; Bryan Ribbans, seawings.co.uk: Seiten 146 l., 147, 150 o., 150 u.; Royal Air Force (RAF), United Kingdom: Seiten 101, 104 r., 156; Russian Aviation Museum, Moscow, Russia: Seite 32 u.l.; Mike Schulz, flugzeugbilder.de: Seite 54 l.; Richard Seaman, richardseaman.com: Seiten 108 r., 155, 202; Wallace Shackleton, airplane-pictures.net: Seite 132 u.; Andrew Simpson, airliners.net: Seite 142 l.; Sebastian Sowa, flugzeugbilder.de: Seite 114 o.; Erick Stamm, airliners.net: Seite 140; Stinson Flyer, stinsonflyer.com: Seiten 28 o., 28 u.l., 136 r.; Thorbjorn Brunander Sund, airliners.net: Seite 26 u.r.; TECCLUSTER A/S, Egtved, Denmark: Seite 58 o.; Josep Tomas, planepictures.net: Seite 133; Ústav Mechaniky Ttěles/Mechatroniky a Biomechaniky (UMTMB), Brünn, Czech Republic: Seite 16 o.; 32 o.; U.S. Army, U.S.A.: Seite 176; U.S. Navy, Washington, D.C., U.S.A.: Seite 104 l.; United States Air Force (USAF), U.S.A.: Seiten 3, 11, 12 l., 12 r., 13, 14 o., 14 u., 20 r., 63, 68 l., 68 r., 70 l., 70 r., 71, 74 l., 74 r., 75, 76 r., 77, 78, 79, 86 r., 89, 90 r., 91, 96, 97, 106 o., 107, 109, 120 u.l., 122 l., 122 r., 123, 124 l., 124 r., 125, 126 o., 165, 166, 167, 170 l., 170 r., 174 l., 174 r., 175, 196 l., 196 r., 197; Virgin Galactic, virgingalactic.com: Seiten 185, 204 l., 204 r., 205; Udo Wapenhans, Leipzig: Seite 119; Christian Waser, Horw, Swiss: Seiten 36 o., 38 l., 41 l., 42 r., 44 l., 44 r., 48 r., 52 o., 52 u.l., 52 u.r., 56 l., 56 r., 57, 60 r., 76 l, 88 l., 88 r., 108 l., 112 u., 114 u.l., 114 u.r., 116 l., 116 r., 118 l., 128 u.r., 132 o., 179, 182 l., 182 r., 183; Gordon S. Williams from the collection of W.T. Larkins, ronsarchive.com: Seite 151; Robin Zartos, flugzeugbilder.de: Seite 121; Andreas Zeitler, München: Seiten 15, 48 l., 59, 61, 69, 80 o., 81, 87, 92, 93, 98 o., 98 u.l., 98 u.r., 99, 102 l., 102 r., 103, 105, 115, 117, 127, 149, 171, 180 o., 181; Tony Zeljeznjak, airliners.net: Seite 130 o.